U0050108

手工派塔的基礎

L'école Caku FLAN & PIE BOOK

金多恩——著

我的第一本書《法國在地點心》似乎幾天前才完稿，
沒想到已經又出版了第二本《手工餅乾的基礎》，
而今日，第三本書《手工派塔的基礎》也即將問世。

《法國在地點心》、《手工餅乾的基礎》、《手工派塔的基礎》，
這三本乍看之下是完全不同的書籍，
但細細閱讀後，就會發現如同地球是圓的一般，
烘焙的世界也是相互串聯在一起，彼此之間互有關聯性。

本書將法式布丁塔和美式甜鹹派放在一起撰寫，
也是因為兩者的作法具有很大的共同點
——把麵團製作成盆狀的外皮，填入各種餡料後，再次進行烘焙。

換句話說，可以用塔的麵團做派的食譜，也可以用派的麵團做塔的食譜，
既簡單方便，又充滿無限的可能性！
淺顯易懂的過程，才會讓人願意常常動手製作。

感謝大家購買這本書。
也希望各位讀者都能夠在本書中，
尋找到符合自己喜好的食譜。

金多恩

活用本書的方法

本書中所有食譜，只要學會「油酥塔皮」、「千層派皮」就能製作。除了原味，還有6種口味變化及24個餡料配方，可以依喜好任意組合！

油酥塔皮

千層派皮

香草
油酥塔皮

肉桂
油酥塔皮

巧克力
油酥塔皮

玉米
千層派皮

胡椒
千層派皮

起司
千層派皮

挑選不一樣的麵團和餡料，做出的派塔口感、口味也截然不同！即便是烘焙新手，也能自由搭配出豐富多變的美味。

範例1：油酥塔皮＋法式香草鹹派餡　　**範例3**：肉桂油酥塔皮＋蘋果香頌派餡

範例2：千層派皮＋蜂蜜香蒜起司布丁塔餡　　**範例4**：起司千層派皮＋雞蛋起司鹹派餡

因為食譜本身簡單好操作，製作麵團時使用手揉，或是食物處理機、立式攪拌機都可以，依照自己的需求選擇即可。

食物調理機

手揉

立式攪拌機

如果想要嘗試，時間卻不太足夠，也可以選擇先製作餡料，搭配現成的市售冷凍麵團，快速又方便！

如果有多做的千層派皮，書中也提供不同的延伸食譜，烘烤成法式蝴蝶酥，或是做成蘋果香頌派、偷藏小瓷偶的國王派，都相當美味！一起來與這些有趣的甜點相遇吧！

Contents

L'école Caku Flan Recipes 招牌法式布丁塔

VANILLA FLAN

經典香草法式布丁塔

074

SALTED CARAMEL FLAN

海鹽焦糖布丁塔

078

PASSION FRUIT & MANGO FLAN

百香果芒果布丁塔

084

DOUBLE CHOCOLAT FLAN

雙層巧克力布丁塔

090

SWEET PUMPKIN FLAN

肉桂南瓜布丁塔

096

PISTACHIO FLAN

酥菠蘿開心果布丁塔

102

GARLIC FROMAGE FLAN

蜂蜜香蒜起司布丁塔

110

COFFEE & BLACK SESAME FLAN

黑芝麻咖啡布丁塔

116

L'école Caku Pie Recipes 人氣美味甜鹹派

ROASTED CORN PIE
奶香玉米派
124

POTATO & GREEN ONION PIE
香蔥馬鈴薯鹹派
130

MUSHROOM & TRUFFLE PIE
蘑菇松露鹹派
136

SALSA PIE
墨西哥莎莎鹹派
142

EGG & CHEESE PIE
雞蛋起司鹹派
148

QUICHE
法式香草鹹派
154

PEAR & PEPPER PIE
西洋梨胡椒鹹派
160

STRAWBERRY & RHUBARB PIE
草莓大黃千層派
166

BLUEBERRY PIE
杏仁奶油藍莓派
172

APPLE PIE
香酥蘋果派
180

PARADISE PIE
天堂派
186

**SILK
CHOCOLATE PIE**
巧克力絲絨派
190

**LEMON
MERINGUE PIE**
檸檬蛋白霜派
198

PUMPKIN PIE
香料南瓜派
204

MAPLE PIE
楓糖堅果派
210

**STRAWBERRY
CREAM PIE**
草莓鮮奶油派
218

千層派皮的延伸甜點

PALMIER

法式蝴蝶酥

226

LEAF PIE

奶油糖葉子派

234

FRENCH PIE

果醬千層派

238

CHAUSSON AUX POMMES

蘋果香頌派

244

GALETTE DES ROIS

主顯日國王派

250

MILLE-FEUILLE

法式千層派

256

開始烘培
之前

Before Baking

法式布丁塔 Flan

法式布丁塔是中世紀以來的法國經典甜點，在油酥塔皮中填入卡士達醬（甜點師奶醬）後，再次烘焙而成。據說這是在填滿卡士達醬的英式蛋塔傳入法國後的改良版本。

法式布丁塔即便在法國當地也是形形色色，韓國一開始最廣為人知的口味也是經典的香草卡士達醬，但到了近年來，填入開心果、巧克力、百香果等各式各樣食材的法式布丁塔，也逐漸受到大家喜愛。

有些人會誤將葡式蛋塔當成法式布丁塔，但葡式蛋塔的製法，是在層次分明的油酥派皮中，填入蛋黃和糖漿。雖然外觀和法式布丁塔相似，口感和風味上卻有著迥然不同的魅力。

派 Pie

「派」是英美地區的作法，多半是在無甜味的麵團中，填入各種或鹹或甜的餡料後烘焙而成。傳統上的派是圓盤造型，但現在五花八門的模具、塑形方式層出不窮，派的形狀也不再受限，有越來越多的呈現形式。

必備用具

挑選好用的工具，在製作上會更為順手，省時又省力！

1 擀麵棍

建議使用不滑的木質擀麵棍。擀麵棍太短的話，難以將麵團大範圍擀開，所以最好選擇長40公分左右的長度。

2 派盤石

用於讓烘焙中的麵團不會膨脹起來。本書使用的是陶瓷材質，也可以選擇鋁製派盤石。如果沒有派盤石，用米或豆類代替也是一個方法。

3 慕斯圈

用於製作大尺寸派塔的圓形模具，本書使用的是直徑18公分的慕斯圈。慕斯圈的高度約5公分左右即可，如果太高，會很難將麵團放進去。

4 派盤

和慕斯圈一樣，是用於製作大尺寸派塔的模具，本書使用的是直徑23公分的派盤。建議挑選底盤可以分離的產品，操作上更為便利。

5 瑪芬烤盤

用於製作小尺寸的派塔。本書使用的是上徑8公分、下徑4.5公分的12連烤盤。

6 圓形切模

用於製作小尺寸的派塔，也用來切割麵團。本書中使用的是直徑11.5公分的圓形切模。

7 瑪芬紙模

用於包裝小尺寸的派塔，或在烘焙派塔皮的過程中隔離麵團和派盤石（烘烤大尺寸的派塔皮時，則以烘焙紙代替）。購買時挑選符合自家瑪芬烤盤下徑的尺寸，建議選擇有點厚度的材質，會比薄的更好用。

8 刮板

用於在製作麵團的過程中，整合、切割麵團的工具，建議選擇材質耐用、較薄的產品。

9 派皮滾輪針

只要輕輕滾過麵團就能輕鬆戳洞，讓麵團均勻膨脹。沒有的話可以用叉子代替。

基本材料

越是簡單的材料，對味道的影響越大。請在製作前先準備好需要的材料，才能做出更加美味的手工派塔！

1 奶油

大致分為「發酵奶油」和「非發酵奶油（一般奶油）」兩種。發酵奶油是在製程中加入乳酸菌發酵，增添奶油風味的產品。本書中的麵團奶油含量高，為了讓風味更好，使用的是發酵奶油。請挑選「無鹽奶油」，若使用含鹽的產品，必須減少食譜中的鹽量。

2 發酵奶油片（EXTRA DRY BUTTER）

本書使用的是法國愛樂薇（Elle & Vire）品牌的發酵奶油片。這款奶油的含水量低、脂肪量高，因此可塑性較一般奶油高，融點也比一般奶油高2℃，置於室溫下不會迅速融化。非常適合用來製作必須在奶油融化前快速完成的千層派皮。

3 麵粉

影響派塔皮口感的重要食材。麵粉會依據蛋白質含量分為低筋、中筋、高筋，由於各自產生的筋性不同，因此必須按照需求挑選。本書使用的是韓國「CJ白雪牌麵粉」，也推薦使用烘焙行較容易購買的日清製粉山茶花。

4 紅糖

製作卡士達醬時，使用紅糖等非精製糖，不僅可以去除蛋腥，還可以增添紅糖特有的風味。

5 黑糖

甜度較低、風味獨特的黑糖，可以為餡料增添不同的滋味。此外，也很常搭配水果、香料等材料，為成品帶來更豐富的層次。

6 蛋

本書使用的是重量約60-68克的雞蛋。打蛋時要避免蛋殼掉入蛋液中。製作奶醬等含有雞蛋並需要加熱的製品時，完成後必須迅速冷卻並放入冷藏，避免微生物滋生。此外，也可以選擇殺菌處理過的盒裝蛋液（分為全蛋液、蛋白液、蛋黃液），約可保存2週，在製作以蛋黃為主的卡士達醬時更有效率，也比較不擔心夏季容易滋生細菌。

7 冷凍派皮

預先做好後冷凍販售的片狀千層派皮。解凍即可使用，無需經過多次擀開麵團的繁瑣過程。

手作派塔的常見 Q&A

法式布丁塔和派的差異為何？

「法式布丁塔」指的是在油酥塔皮中，加入卡士達醬烘焙的甜點，在英美文化圈中也稱其為「卡士達派」。「派」則是在沒有甜味的派皮中填入甜或鹹的餡料，烘焙而成。甜鹹不拘的優點，被廣泛應用在料理和甜點當中。

法式布丁塔可以用派皮做嗎？

經典的法式布丁塔必須使用油酥塔皮。但近年來開始出現千層派皮的版本，雖然稱不上正統，但外酥內軟的口感豐富又好吃。

油酥塔皮為何要靜置12小時？

麵粉加入牛奶後，會在攪拌的過程中產生筋性。當麵團成型後，由於筋性的強度高，直接擀麵團時容易收縮、擀不開，所以最好先冷藏靜置12小時，讓麵團鬆弛後再操作。

千層派皮的靜置時間可以縮短嗎？

千層派皮需要冷藏靜置的原因有兩個。第一是為了不讓麵團中的奶油融化，所以如果溫度升高，就要趕緊放進冰箱冷藏凝固。第二是為了防止麵團筋性過高。如果麵團沒有充分冷藏，裡頭無法凝固的奶油，就會在擀壓麵團時流到外面。再加上筋性導致麵團收縮嚴重，變得更擀不開。

 為什麼千層派皮烤過後底部會膨脹？

千層派皮是由麵團和奶油層層相疊組成，經過烘焙加熱後，麵團就會膨脹，導致每層的體積變大。因此，通常會在第一次烘焙時壓派盤石避免膨脹，接著去除派盤石再烘焙第二次，讓烤好後的底部微微膨起，不會扁平。放至冷卻後，將膨脹的底部稍微壓平，即可填入更多餡料。

 為何要以派盤石壓麵團？

油酥塔皮和千層派皮皆含有大量水分，具有烘焙後會收縮的特性。如果烘焙時不用派盤石壓住，就會變形或縮小，變成和模具不同的形狀。尤其，千層派皮烘焙後會膨脹十倍，不用重物壓很難烤得漂亮。

如果沒有派盤石，可以用什麼代替？

最好使用不會燒焦，重量也足以壓住麵團的米或豆類。無論是派盤石、米或豆類，都要填到高於麵團的位置，才能發揮向下壓的作用。

為什麼用千層派皮烤出來的塔是橢圓形？

千層派皮如果沒有經過充分靜置或存放冰箱過久，都有可能強化收縮作用。因此，必須確實遵守麵團的靜置期間。完成的麵團不能立即使用時，須存放於冷凍保存，且在兩週內使用完畢。冷凍的麵團須先放置於冷藏解凍，再取出使用。

**千層派皮烘焙後，烤盤上沾滿油，
這是麵團出了什麼差錯嗎？**

這是自然的現象。由於本書中用來製作派塔的千層派皮，未經過多次折疊，所以奶油層較厚，厚厚的奶油在烤箱中因高溫而融化後，就會從麵團中流出，沾黏在烤盤上，只要用廚房毛巾將殘留在烤盤上的奶油拭乾即可。而且，因為奶油從麵團中流出來，會讓派皮烤得更加酥脆。

入模切剩的麵團要如何活用呢？

千層派皮是由層層相疊的奶油和麵團所組成，所以用剩的麵團不可以重新揉聚成團，否則會破壞層次分明的效果。因此，請先均勻擀開後，存放於冷凍庫中，之後在製作新的千層派皮時，在折疊麵團的過程中，將這些用剩的派皮以隱藏的方式放入夾層裡。另外，油酥塔皮則只要聚集在一起揉成團，存放於冷藏庫中，之後需要的時候再取出使用即可。

**塔或派只要放一天過後就會變軟，
有什麼辦法可以回復到酥脆口感嗎？**

除了放上慕斯醬或水果以外的派塔，都可以用烤箱回烤。冷藏製品以175℃加熱5分鐘左右，冷凍製品則以175℃加熱10分鐘左右，待冷卻後再食用，即可品嘗到如同剛出爐的酥脆口感。

基礎麵團
的製作

Dough Rcipe

油酥塔皮

特徵
油酥塔皮是在麵粉中放入奶油攪拌成細碎的麵團，再加入水搓揉成團。因為奶油均勻散佈在麵粉中，所以烘焙後的塔皮不會生成向兩側延展的紋路，從切面來看是呈緊密相連的短紋路。此外，藉由調整麵粉的種類或水分含量，可以改變烘焙後的口感，在本書中，為了製作出紮實的油酥塔皮，使用了蛋白質比例較高的高筋麵粉。

優缺點
油酥塔皮的優點就是製程簡單，剩餘的麵團重新捏成團後，還可以存放於冰箱，日後再使用。塔皮經過烘烤會微縮，但不至於出現離譜的變形。如果一定要追究其缺點，應該就是口感沒有千層派皮酥脆。尤其如果在揉麵團時，大量的奶油融化在麵粉中，就會變得更軟，因此，一定要使用冰奶油製作，並迅速切碎、混合至麵團裡。其他液態材料也必須是冰涼狀態。

形狀和口感
油酥塔皮是一種鹹味麵團，鹽可以襯托出麵粉和奶油的風味。塔皮的口感，會隨著麵粉種類和含水量不同而改變。另外，由於不含糖，烘烤時上色較慢，如果烤到淺黃色就出爐，很容易變軟，所以必須遵守食譜中記載的溫度和時間。烘焙後的塔皮不會膨脹得太大，形狀和所用的烤盤差不多。

適合的餡料
香氣濃郁的油酥塔皮，搭配各種餡料都不會太突兀，尤其適合柔滑的卡士達醬或堅果風味的奶醬。

千層派皮

特徵

千層派皮是透過所謂的「三折」動作，將麵團和奶油層層堆疊，形成往兩側延展的紋路。烘焙後每一層都會膨脹起來，口感酥脆且輕盈。和油酥塔皮一樣帶點鹹味，因此，搭配甜味或鹹味的餡料都合適。

優缺點

千層派皮不僅酥脆，還可以欣賞到層層膨脹起來的美麗外觀。口感還能依折疊次數做調整，折疊的次數越多，層次越分明，吃起來越鬆脆。缺點則是製作過程會比油酥塔皮繁雜，麵團收縮的情況及力道也較強，需要更加仔細確認麵團狀態。

形狀和口感

烘焙後的千層派皮切面，可以看到像手風琴般的直線層狀結構。折疊次數越多的千層派皮，因為麵粉層變得更薄，分層的空隙也會越小。重複三次「三折」的派皮會很酥脆，重複四次以上的派皮，口感則較鬆。

適合的餡料

酥脆的千層派皮，很適合含水量高的奶餡或水果餡。搭配的餡料通常會隨著重複折疊的次數不同而改變，像重複六次以上「三折」的千層派皮，就比較適合柔順的果醬和杏仁奶油。

原味油酥塔皮
食物調理機

以1個的配方
為基準

直徑18公分（使用慕斯圈）2個
直徑8公分（使用瑪芬烤盤）18個
直徑23公分（使用派盤）2個

1個的配方
低筋麵粉 80克
高筋麵粉 210克
無鹽奶油 200克
牛奶 85克
鹽 5克

1/2個的配方
低筋麵粉 40克
高筋麵粉 105克
無鹽奶油 100克
牛奶 42.5克
鹽 2.5克

2/3個的配方
低筋麵粉 53克
高筋麵粉 140克
無鹽奶油 133克
牛奶 57克
鹽 3克

1-1

1-2

2-1

2-2

2-3

How to Make

1. 在食物調理機中加入冷藏狀態的低筋麵粉、高筋麵粉和切塊的無鹽奶油，攪拌至奶油塊呈米粒般大小。

2. 加入牛奶和鹽，攪拌至麵團呈粗砂塊。
- 在牛奶中加入鹽攪拌均勻後備用。

3. 取出完成的麵團，在工作檯上搓揉成團。

4. 裹上保鮮膜，存放於冷藏庫中靜置12小時以上。

5. 將麵團擀開成0.2公分厚。
- 在工作檯上撒上少許麵粉（高筋麵粉），可防止麵團沾黏檯面。

6. 用派皮滾輪針或叉子在麵團上戳洞後，整形成需要的形狀後備用。

3-1

3-2

3-3

4

5

6

原味油酥塔皮

手揉

How to Make

1. 在工作檯上準備好低筋麵粉、高筋麵粉和切塊的無鹽奶油。
  ● 使用冷藏狀態的奶油和麵粉。

2. 利用兩個刮板將無鹽奶油切成碎塊，並和麵粉混合。
  ● 以不斷地用麵粉覆蓋奶油的方式進行混合。

3. 不斷混合至無鹽奶油形成米粒般大小。

4. 在中間做出一個凹洞，並倒入鹽和牛奶。

　● 事先在牛奶中加入鹽攪拌均勻後備用。

5. 用刮刀一點一點地把材料混合均勻。

6. 直到麵團不見飛粉，形成粗砂塊。

7. 將麵團搓揉成團。

8. 裹上保鮮膜後，存放於冷藏庫中靜置12小時以上。

9. 將麵團擀開成0.2公分厚。

　● 在工作檯上撒上少許麵粉（高筋麵粉），可防止麵團沾黏在檯面。

10. 用派皮滾輪刀或叉子在麵團上戳洞後，整形成需要的形狀後備用。

不同口味的油酥塔皮

— 香草 —

Dough

以1個的配方為基準

直徑18公分（使用慕斯圈）2個

直徑8公分（使用瑪芬烤盤）18個

直徑23公分（使用派盤）2個

Ingredients

1 個的配方	2/3 個的配方
低筋麵粉 80 克	低筋麵粉 53 克
高筋麵粉 210 克	高筋麵粉 140 克
乾燥香芹 1.5 克	乾燥香芹 1 克
乾燥羅勒 0.5 克	乾燥羅勒 0.3 克
洋蔥粉 6 克	洋蔥粉 2 克
無鹽奶油 200 克	無鹽奶油 133 克
牛奶 85 克	牛奶 57 克
鹽 5 克	鹽 3 克

● 和32~35頁的油酥塔皮製作方法相同。

● 乾燥香芹、乾燥羅勒、洋蔥粉和其他粉類混合後備用。

● 應用於法式香草鹹派（154頁）。

不同口味的油酥塔皮

― 肉桂 ―

Dough

以1個的配方為基準

直徑18公分（使用慕斯圈）2個

直徑8公分（使用瑪芬烤盤）18個

直徑23公分（使用派盤）2個

Ingredients

1個的配方	1/2個的配方
低筋麵粉80克	低筋麵粉40克
高筋麵粉210克	高筋麵粉105克
肉桂粉9克	肉桂粉4.5克
肉豆蔻粉3克	肉豆蔻粉1.5克
無鹽奶油200克	無鹽奶油100克
牛奶85克	牛奶42.5克
鹽5克	鹽2.5克

● 和32~35頁的油酥塔皮製作方法相同。

● 肉桂粉、肉豆蔻粉和其他粉類混合後備用。

● 應用於香料南瓜派（204頁）。

不同口味的油酥塔皮
― 巧克力 ―

Dough

以1個的配方為基準
直徑18公分（使用慕斯圈）2個
直徑8公分（使用瑪芬烤盤）18個
直徑23公分（使用派盤）2個

Ingredients

1個的配方	1/2個的配方
低筋麵粉45克	低筋麵粉22.5克
高筋麵粉225克	高筋麵粉112.5克
可可粉30克	可可粉15克
水滴型黑巧克力（切碎）60克	水滴型黑巧克力（切碎）30克
無鹽奶油210克	無鹽奶油105克
牛奶105克	牛奶52.5克
鹽6克	鹽3克

● 和32~35頁的油酥塔皮製作方法相同。
● 可可粉、水滴型黑巧克力和其他粉類混合後備用。
● 應用於巧克力絲絨派（190頁）。

原味千層派皮

立式攪拌機

 直徑8公分（使用瑪芬烤盤）12個

麵團

低筋麵粉125克　　包裹用奶油200克
高筋麵粉125克
無鹽奶油35克
水60克
牛奶60克
鹽5克

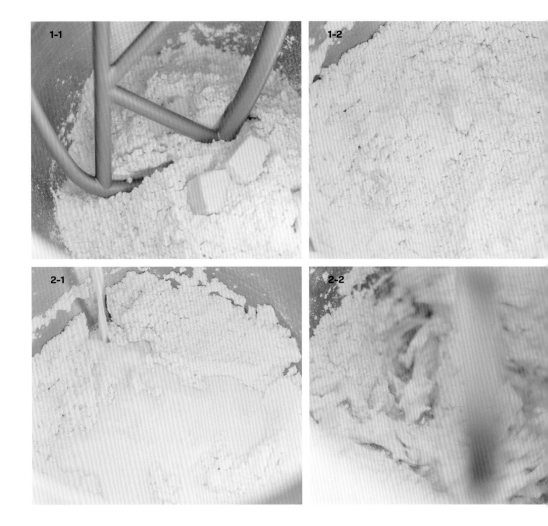

1. 在鋼盆中加入低筋麵粉、高筋麵粉、切塊的無鹽奶油，以低速攪拌1分鐘，使奶油均勻散佈於麵粉之間。
   - 使用置於室溫下軟化的無鹽奶油。

2. 加入水、牛奶、鹽後，以低速攪拌。
   - 事先在冰水和冰牛奶中加入鹽攪拌均勻後備用。

3. 直到粉末消失時，取出麵團。

4. 將麵團搓揉成團。

5. 在麵團中央用刀劃上十字。

6. 裹上保鮮膜後，存放於冷藏庫中靜置12小時以上。

7. 靜置後的麵團，用手輕輕按壓以刀口劃分的四個區塊，以利於擀開。

3

4

5

6

7-1
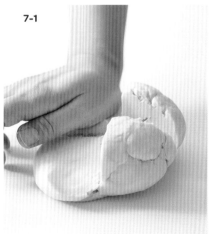

7-2

8. 將麵團捏成正方形。

9. 用擀麵棍均勻按壓麵團，並擀開成扁平狀。

- 在工作檯上撒上少許麵粉（高筋麵粉），可防止麵團沾黏檯面。

10. 將麵團擀成邊長21公分的正方形。

11. 放上邊長14公分的正方形包裹用奶油。

- 將200克的發酵奶油片切成方形，再用擀麵棍輕輕拍打，製作成邊長14公分的正方形後備用。使用一般奶油時，將置於室溫下軟化的200克奶油，放入折疊成邊長14公分的正方形保鮮膜或塑膠袋裡，再用擀麵棍均勻擀成片狀。

- 包裹用奶油在使用前先存放於冷凍庫中，以維持在冰涼的固態。

8-1
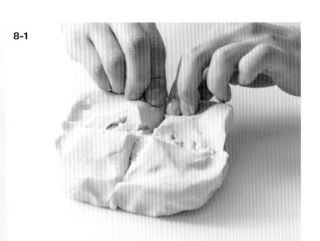

8-2

9

10
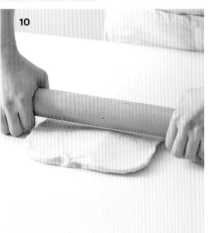

11

12. 沿著奶油片的四邊，用力按壓麵團，使麵團變薄。

- 此動作可以讓麵團更緊密地包裹奶油。

13. 用麵團包裹奶油。

14. 用手捏接縫處，使其緊密貼合。

15. 用擀麵棍均勻按壓麵團，並擀開成扁平狀。

- 先用擀麵棍用力按壓麵團的下側和上側後，再一邊將擀麵棍移至中央一邊用力按壓，以便均勻擀開麵團裡的奶油。

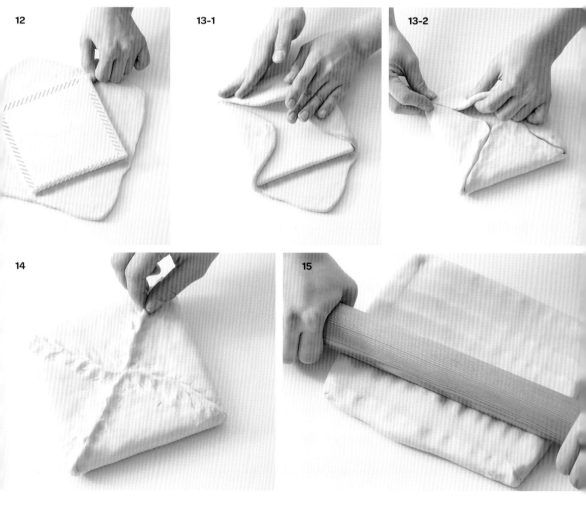

16. 將麵團擀成長40公分、寬13公分、厚度為0.5公分的麵皮。

17. 將麵團折三折。（三折第一次）

18. 用擀麵棍輕輕拍打麵團。

19. 裹上保鮮膜，存放於冷藏庫中靜置5小時。

20. 將靜置後的麵團旋轉90º，使折疊的對接處位於側面。

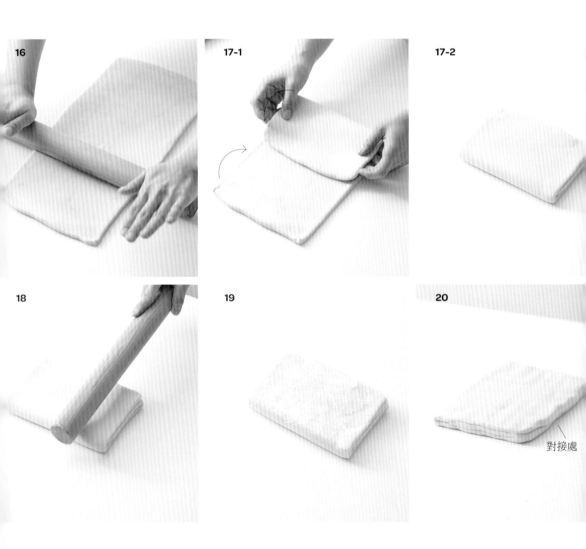

16

17-1

17-2

18

19

20

對接處

21. 將麵團擀開成0.5公分厚。

22. 將麵團折三折後，裹上保鮮膜，存放於冷藏庫中靜置5小時。（三折重複第二次）

23. 用相同的方法將麵團擀開成0.5公分厚後，再將麵團折三折。（三折重複第三次）

● 隨著產品的不同，有些產品須重複三折動作六次。

24. 將麵團擀開成0.2公分厚。

25. 用派皮滾輪刀或叉子在麵團上戳洞。

26. 將麵團移至鐵板上，為避免乾掉，裹上保鮮膜，存放於冷藏庫中1小時以上後備用。

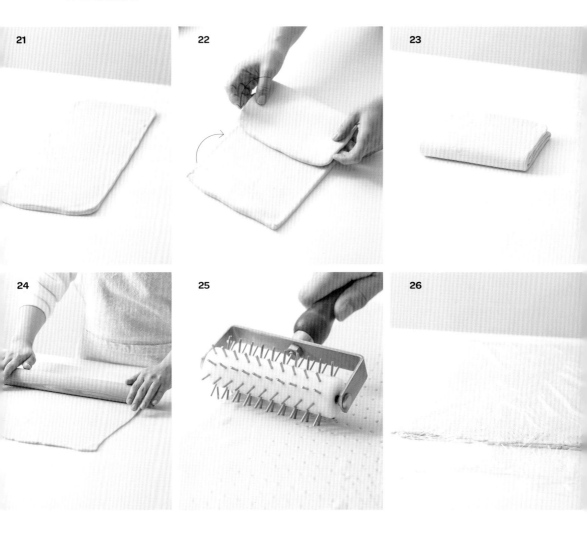

原味千層派皮

手揉

1

2

3

4

5-1

5-2

1. 在工作檯上放上低筋麵粉、高筋麵粉和切塊的奶油。
- 若是手揉麵團時，須準備冰奶油。

2. 利用兩個刮板將奶油切碎並與麵粉混合，直到奶油呈米粒般大小。
- 以不斷地用麵粉覆蓋奶油的方式進行混合。

3. 在中間做出一個凹洞，並倒入鹽和牛奶。
- 事先在冰水和冰牛奶中加入鹽攪拌均勻後備用。

4. 用刮刀一點一點地把材料混合均勻。

5. 直到麵團不見飛粉，形成粗砂塊。

6. 將麵團搓揉成團。

7. 在麵團中央用刀劃上十字。

8. 裹上保鮮膜，存放於冷藏庫中靜置12小時以上後，按照43~47頁步驟7~26的方法進行製作。

6

7

8

不同口味的千層派皮
─ 玉米 ─

Dough

直徑8公分（使用瑪芬烤盤）12個

Ingredients

麵團
低筋麵粉50克
高筋麵粉140克
玉米粉60克
無鹽奶油28克
水74克
牛奶56克
鹽5克
糖5克
白酒醋4克

包裹用奶油200克

● 和42~49頁的千層派皮製作方法相同。
● 將玉米粉和其他粉類攪拌均勻後備用。
● 將水、牛奶、鹽、糖和白酒醋攪拌均勻後備用。
● 應用於奶香玉米派（124頁）、墨西哥莎莎鹹派（142頁）。

不同口味的千層派皮
─ 胡椒 ─

Dough

直徑8公分（使用瑪芬烤盤）12個

Ingredients

麵團
低筋麵粉125克
高筋麵粉125克
黑胡椒粒（絞碎）4克
無鹽奶油35克
水60克
牛奶60克
鹽5克
白酒醋2克

包裹用奶油200克

● 和42~49頁的千層派皮製作方法相同。
● 將均勻絞碎的黑胡椒和其他粉類攪拌均勻後備用。
● 將水、牛奶、鹽、糖和白酒醋攪拌均勻後備用。
● 應用於西洋梨胡椒鹹派（160頁）。

不同口味的千層派皮
─ 起司 ─

Dough

直徑8公分（使用瑪芬烤盤）12個

Ingredients

麵團
低筋麵粉125克
高筋麵粉125克
帕達諾起司（磨碎）30克
無鹽奶油25克
水55克
牛奶60克
鹽5克
白酒醋2克

包裹用奶油200克

● 和42~49頁的千層派皮製作方法相同。
● 先用起司刨刀將帕達諾起司（或帕馬森起司）磨成粉，
再和其他粉類拌勻備用。
● 將水、牛奶、鹽、白酒醋攪拌均勻後備用。
● 應用於蘑菇松露鹹派（136頁）。

善用市售冷凍派塔皮

冷凍派塔皮可以在烘焙材料行或網路商店購得,建議購買片狀不含酵母的麵團。市售麵團的名稱經常因為翻譯、廠商不同而造成混淆,請先確認包裝上的成分後再購買。

採購回家後,先在派塔皮之間各夾一張烘焙紙,讓彼此之間互不沾黏,再用袋子密封起來,冷凍保存。使用時只取出需要的量,放置冷藏庫解凍後使用。

冷凍派塔皮通常不貴,口感和味道也不會和自己做的相差太大,可以做出形狀差不多的產品,適合家庭烘焙或大量生產時使用。尤其是千層派皮,可以節省許多時間和體力。

買回來的冷凍派塔皮有可能太厚,使用前建議先冷藏解凍後,在工作檯上撒上少許麵粉(高筋麵粉),將麵團擀薄一點(本書派塔皮皆為0.2公分),再冷藏靜置1小時左右後使用。

派塔皮入模的方法

─ 瑪芬烤盤 ─

（油酥塔皮、千層派皮）

1. 用直徑11.5公分的圓形圈切割擀成0.2公分厚的麵團。

2. 將切割好的麵團放入烤盤中。

3. 先輕輕按壓麵團的中央，再按照烤盤形狀整理麵團邊緣。

4. 在麵團上放入瑪芬紙模，再放
入派盤石至比麵團高的位置，
接著放入預熱至175℃的烤箱
中，千層派皮烘焙20分鐘、油
酥塔皮烘培15分鐘。

5. 先取出瑪芬紙模和派盤石，再
將千層派皮、油酥塔皮放回烤
箱各烘焙20分鐘、15分鐘。

● 烘焙至底部呈完美的金黃色狀態。

● 烘焙後的派皮、塔皮連同烤盤一起
靜置至冷卻。

6. 用手輕輕按壓千層派皮的膨脹底部後備用。

● 千層派皮是層層相疊的麵團，取出派盤石後再烘焙時，待派底熟透，就會一層一層地膨
　脹起來。烘焙後的派底如果不稍微壓扁，會影響到填入餡料的多寡。

● 烘焙後的油酥塔皮不會膨脹，只要直接使用即可。

派塔皮入模的方法

— 派盤 —

（油酥塔皮）

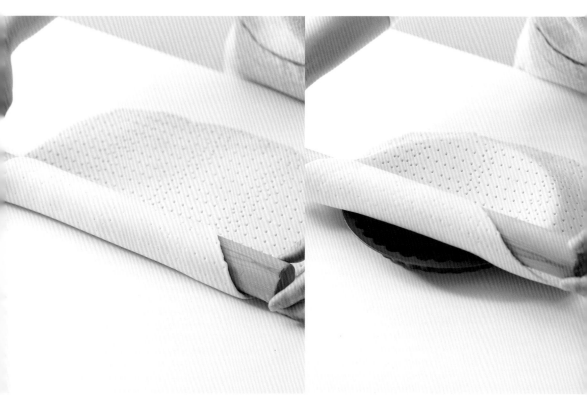

1. 用擀麵棍將0.2公分厚的麵團捲起來。

2. 將麵團攤開放在派盤上。

3. 先輕輕按壓麵團的中央，再按照派盤形狀整理麵團邊緣。

4. 用擀麵棍切除多餘的麵團。

5. 在麵團上放入一張事先捏出皺褶的烘焙紙。

6. 再放入派盤石至比麵團高的位置後，放入預熱至175℃的烤箱中烘焙20分鐘。

7. 先取出烘焙紙和派盤石，再繼續烘焙20分鐘。

　● 烘焙後的塔皮連同烤盤一起靜置至冷卻後備用。

派塔皮入模的方法

— 圓形慕斯圈 —

（油酥塔皮）

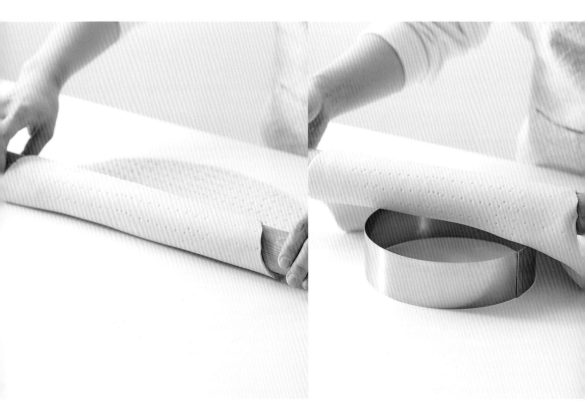

1. 用擀麵棍將0.2公分厚的麵團捲
起來。

2. 將捲起來的麵團攤開放在慕斯
圈上。
- 在慕斯圈內側刷上薄薄一層奶油。

3. 沿著慕斯圈底部邊緣用手推壓
   麵團，使麵團彎曲成直角。

4. 沿著慕斯圈壁面按壓麵團，以
   排出空氣。

5. 確認慕斯圈上側是否有懸浮的　**6.** 用刀切除多餘的麵團。
空間。

7. 將烘焙紙裁剪成長45公分、寬7公分的長條狀和直徑20公分的圓形後,鋪在麵團上方。

8. 再放入派盤石至比麵團高的位置後,放入預熱至175℃的烤箱中烘焙20分鐘。

9. 先取出烘焙紙和派盤石後，再繼續烘焙20分鐘。
   - 烘焙至底部呈完美的金黃色狀態。
   - 烘焙後的塔皮連同烤盤一起靜置至冷卻。

10. 用刨刀整理塔皮凹凸不平的頂端邊緣，使其更為平整。

招牌
法式布丁塔

L'école Caku FLAN Recipes

Vanilla Flan

經典香草法式布丁塔

香草法式布丁塔是法式布丁塔的基本款，在法國又稱為「flan à la crème'」或「flan parisien」。本食譜是使用大溪地生產的香草籽，強調香草的味道。如果是第一次手作法式布丁塔，建議可以從基本款開始挑戰。

Flan

1個
（直徑18公分）

Keeping

室溫1日
冷藏3日

Ingredients

油酥塔皮

32～35頁

1/2個的配方

◆ 照片中大法式布丁塔是用油酥塔皮，小法式布丁塔是用千層派皮製成。

香草卡士達醬

牛奶660克
紅糖A 20克
蛋黃135克
紅糖B 115克
鹽1克
香草莢（大溪地產）1/2個
玉米澱粉33克
無鹽奶油15克

其他
鏡面果膠

香草卡士達醬

1. 在鍋子中加入牛奶、紅糖 A加熱。

point 烹煮牛奶時，加入少許糖，可以減緩乳清蛋白結成薄膜的速度，以防焦黏鍋底。

2. 在容器中加入蛋黃、紅糖 B、鹽和香草籽攪拌。

point 將香草莢剖半後，用刀背刮下香草籽使用。

 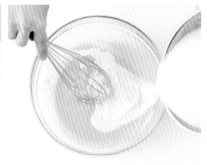

3. 加入玉米澱粉攪拌均勻。

4. 待步驟1的牛奶沸騰時離火，一邊倒入步驟3的容器中，一邊攪拌均勻。

5. 將容器中的內容物再次地
移至鍋子中後加熱。

point 加熱至沸騰且浮起的泡
沫皆消失。

6. 待沸騰後離火,加入奶油
攪拌均勻。

point 將完成的香草卡士達醬
移至乾淨的容器中,蓋上保鮮
膜後,再放入盛冰水的容器
中,加速冷卻。

組合

7. 在烤好放涼的油酥塔皮中
填入香草卡士達醬。

point 如果用刮刀輕輕拍打卡
士達醬表面,卡士達醬就會自
然地流往塔皮邊緣,呈現出平
整的表面。

8. 放入預熱至200℃的烤箱
中烘焙13分鐘至表面呈
褐色。待冷卻後,刷上鏡
面果膠即完成。

Salted
Caramel Flan

海鹽焦糖布丁塔

海鹽焦糖法式布丁塔以少許鹽巴來增添苦甜焦糖的魅力。請愉快
地品嘗從柔滑的焦糖卡士達醬表層融化而下的甜蜜焦糖奶油。

Flan

12個

（直徑8公分）

Keeping

室溫1日
冷藏3日

Ingredients

油酥塔皮

2/3個的配方

焦糖卡士達醬
糖48克
鮮奶油80克
牛奶512克
蛋黃108克
紅糖96克
鹽1克
香草莢1/4個
玉米澱粉27克
無鹽奶油12克

焦糖奶油
糖68克
鮮奶油105克
香草籽1/4個
無鹽奶油11克

其他
鹽
奶油塊

焦糖卡士達醬

1. 在鍋子中放入糖煮至呈深褐色，使其焦糖化。

　point 以大火煮至焦糖生成大氣泡、冒煙為止。如果以小火煮焦糖，添加牛奶後的味道會變淡，降低焦糖的風味。

2. 將火關小一點，慢慢地倒入鮮奶油，一邊攪拌。

3. 再一邊倒入熱牛奶一邊攪拌後，加熱至沸騰。

4. 在另一容器中加入蛋黃、紅糖、鹽和香草籽攪拌。

　point 將香草莢剖半後，用刀背刮下香草籽使用。

5. 加入玉米澱粉攪拌均勻。

6. 待步驟3的鍋中內容物沸騰後，一邊倒入步驟5的容器中，一邊攪拌均勻。

7. 將容器中的內容物再次地倒入鍋中後加熱。

point 加熱至沸騰且浮起的泡沫皆消失。

8. 待沸騰後離火，倒入奶油攪拌均勻。

point 將完成的焦糖卡士達醬移至乾淨的容器中，蓋上保鮮膜後，再放入盛冰水的容器中，加速冷卻。

焦糖奶油

9. 在鍋子中放入糖加熱。

point 剛開始不要攪拌，邊搖
晃鍋子邊融化糖，當糖開始上
色後，再用刮刀攪拌均勻。

10. 加熱至呈淡褐色。

point 焦糖奶油是要淋在法式
布丁塔上方，所以要煮到散發
出淡淡的燒焦甜味。

11. 調整為小火，再慢慢地
倒入已添加香草籽的熱
鮮奶油，攪拌均勻。

point 待糖呈深褐色、冒出泡
泡時，加入鮮奶油。

12. 加入奶油攪拌均勻。

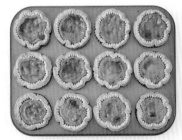

組合

13. 將焦糖卡士達醬裝入擠花袋，填入烤好放涼的油酥塔皮中。

14. 放入預熱至200℃的烤箱中烘焙10分鐘左右至表面呈褐色。取出，靜置至完全冷卻。

15. 將焦糖奶油裝入擠花袋中，擠滿在焦糖卡士達醬上面。

point 焦糖奶油一旦冷卻，流速會變慢、不容易擠，因此請先隔水加熱至稍微軟化後再使用。

16. 放上奶油塊，最後撒上鹽即完成。

Passion Fruit & Mango Flan

百香果芒果布丁塔

這是填入酸酸甜甜百香果滋味的法式布丁塔。夏天品嘗時,那冰涼又清爽的味道,會瞬間讓人遺忘酷暑的炎熱。如果想要口感更清爽,還可以用檸檬、萊姆取代百香果與芒果。

Flan	Keeping
12 個	室溫 1 日
(直徑 8 公分)	冷藏 3 日

Ingredients

油酥塔皮	百香果卡士達醬	百香果醬
32～35頁	牛奶 408 克	百香果果泥 (無籽) 40 克
2/3 個的配方	紅糖 A 24 克	百香果果泥 (含籽) 40 克
	蛋黃 108 克	糖 60 克
	紅糖 B 120 克	NH 果膠 2 克
	鹽 1 克	
	香草莢 1/3 個	
	玉米澱粉 32 克	
	百香果果泥 (無籽) 104 克	
	芒果果泥 52 克	
	無鹽奶油 12 克	

百香果卡士達醬

1. 在鍋子中加入牛奶、紅糖A加熱。

point 烹煮牛奶時,加入少許糖,可以減緩乳清蛋白結成薄膜的速度,以防焦黏鍋底。

2. 在容器中加入蛋黃、紅糖B、鹽和香草籽攪拌。

point 將香草莢剖半後,用刀背刮下香草籽使用。

3. 加入玉米澱粉攪拌均勻。

4. 待步驟1的牛奶沸騰時,一邊緩緩地倒入步驟3的容器中,一邊攪拌均勻。

5. 加入百香果果泥、芒果果泥攪拌。

6. 將容器中的內容物再次地移至鍋子中後加熱。

> point 含有水果泥的奶油容易出現焦黏鍋底的情形，在加熱到沸騰的過程中，須小心攪拌，以防焦黏鍋底。

7. 待沸騰時離火，加入奶油攪拌均勻。

8. 將完成的卡士達醬移至乾淨的容器中，蓋上保鮮膜，再放入盛冰水的容器中，加速冷卻。

百香果醬

9. 在鍋子中放入兩種百香果果泥（有籽和無籽），加熱至40℃。

10. 慢慢地倒入事先混勻的糖和NH果膠攪拌。

11. 持續加熱，一邊攪拌。

12. 待沸騰後立刻離火。

point 將冷卻的果醬放入密封容器中，並冷藏保存。

組合

13. 將百香果卡士達醬裝入擠花袋，填入烤好放涼的油酥塔皮中。

14. 放入預熱至200℃的烤箱中烘焙10分鐘後，取出待完全冷卻。

15. 填入溫熱的百香果醬即完成。

point 冷卻的果醬必須加熱成液態後再使用，這樣淋在塔上，才能均勻分佈在表面。

Double Chocolat Flan

雙層巧克力布丁塔

卡士達醬和甘納許都是以黑巧克力製成，將它們一起填入酥脆的塔皮中，一口咬下便能感受到濃郁且柔滑的口感，是一款魅力十足的法式布丁塔。

Flan

12 個

（直徑 8 公分）

Keeping

室溫 1 日

冷藏 3 日

Ingredients

油酥塔皮

2/3 個的配方

巧克力卡士達醬

黑巧克力 22 克 　　 蛋黃 108 克

（Belcolade 55%）　　 紅糖 B 92 克

鮮奶油 32 克 　　 鹽 1 克

牛奶 560 克 　　 香草莢 1/3 個

紅糖 A 16 克 　　 玉米澱粉 24 克

無鹽奶油 12 克 　　 可可粉 9 克

甘納許

黑巧克力 60 克

（Puratos 60days 74%）

鮮奶油 90 克

其他

巧克力珍珠

巧克力卡士達醬

1. 在融化的黑巧克力中放入熱鮮奶油攪拌均勻。

2. 在鍋子中加入牛奶、紅糖A加熱。

point 烹煮牛奶時，加入少許糖，可以減緩乳清蛋白結成薄膜的速度，以防焦黏鍋底。

3. 在容器中加入蛋黃、紅糖B、鹽和香草籽攪拌。

point 將香草莢剖半後，用刀背刮下香草籽使用。

4. 加入玉米澱粉、可可粉攪拌均勻。

5. 待步驟2的牛奶沸騰時，
一邊慢慢地倒入步驟4的
容器中，一邊攪拌均勻。

6. 再次移至鍋子中加熱。

point 加熱至沸騰且浮起的泡
沫皆消失。

7. 待沸騰後立刻離火，加入
奶油和步驟1攪拌。

8. 整體攪拌均勻後，移至乾
淨的容器中，蓋上保鮮
膜，再放入盛冰水的容器
中，加速冷卻。

甘納許

9. 將鮮奶油加熱。

10. 在盛黑巧克力的容器中
倒入鮮奶油。

11. 用手持式攪拌機攪拌，
使其乳化。

12. 蓋上保鮮膜，待其完全
冷卻。

組合

13. 將巧克力卡士達醬裝入
擠花袋，填入烤好放涼
的油酥塔皮中。

14. 放入預熱至200℃的烤
箱中烘焙10分鐘左右，
至表面呈深褐色。

15. 填入加熱的甘納許。

16. 放上巧克力珍珠。

THANK YOU

Sweet Pumpkin Flan

肉桂南瓜布丁塔

這是一款散發著濃郁香甜南瓜味的法式布丁塔。在塔皮中填滿南瓜卡士達醬一起烘烤，待冷卻後再擠上一層打發後的肉桂甘納許，一起入口時，南瓜就像被施了魔法般，甜度倍增。在南瓜盛產的季節務必嘗試製作看看。

Flan

12個

（直徑8公分）

Keeping

室溫1日

冷藏3日

Ingredients

油酥塔皮

2/3 個的配方

南瓜卡士達醬

牛奶 400 克

紅糖 A 16 克

蛋黃 108 克

紅糖 B 92 克

鹽 1 克

香草莢 1/3 個

玉米澱粉 20 克

蒸熟的南瓜 200 克

無鹽奶油 12 克

肉桂甘納許

鮮奶油 300 克

肉桂粉 2 克

肉豆蔻粉 0.5 克

白巧克力 80 克

（Belcolade 30%）

其他

肉桂粉

097

南瓜卡士達醬

1. 先將南瓜蒸熟後,用篩網過篩。

2. 在鍋子中加入牛奶、紅糖A加熱。

point 烹煮牛奶時,加入少許糖,可以減緩乳清蛋白結成薄膜的速度,以防焦黏鍋底。

3. 在容器中加入蛋黃、紅糖B、鹽和香草籽攪拌。

point 將香草莢剖半後,用刀背刮下香草籽使用。

4. 加入玉米澱粉攪拌均勻。

5. 待步驟2的牛奶沸騰時，
一邊慢慢地倒入步驟4的
容器中，一邊攪拌均勻。

6. 再次移至鍋子中加熱。

point 加熱至沸騰且浮起的泡
沫皆消失。

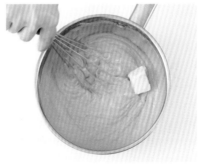

7. 待沸騰後立刻離火，並加
入步驟1攪拌。

8. 加入奶油攪拌均勻。

point 將完成的南瓜卡士達醬
移至乾淨的容器中，蓋上保鮮
膜，再放入盛冰水的容器中，
加快其冷卻。

肉桂甘納許

9. 在鍋子中加入鮮奶油、肉桂粉、肉豆蔻粉加熱。

point 如果希望能散發出淡淡的幽香，可改以肉桂棒代替肉桂粉。

10. 待沸騰後立刻離火，蓋上保鮮膜，靜置30分鐘左右。

11. 利用篩網過濾，倒入盛白巧克力的容器中。

point 如果事先將巧克力融化，可以加快拌勻的速度。

12. 用手持式攪拌機攪拌，使其均勻乳化。蓋上保鮮膜後，冷藏靜置12小時以上。

組合

13. 將南瓜卡士達醬裝入擠
花袋，填入烤好放涼的
油酥塔皮中。

14. 放入預熱至200℃的烤
箱中烘焙10分鐘後，等
待完全冷卻。

15. 將肉桂甘納許用電動打
蛋器打發。

point 攪打至電動打蛋器行經
的軌跡皆能清晰可見。

16. 在法式布丁塔中填入肉
桂甘納許。

point 可依照個人喜好，撒上
少許肉桂粉。

Pistachio Flan

酥菠蘿開心果布丁塔

在酥脆派塔中填滿自製的開心果醬和香噴噴的開心果卡士達醬，最後再放上少許的開心果酥菠蘿，放入烤箱中烘焙，即可完成從塔頂到塔底都香酥迷人的法式布丁塔。

Flan	Keeping
12 個	室溫 1 日
（直徑 8 公分）	冷藏 3 日

Ingredients

油酥塔皮

2/3 個的配方

開心果醬
烤開心果 100 克
開心果仁 100 克

開心果卡士達醬
牛奶 528 克
紅糖 A 16 克
蛋黃 108 克
紅糖 B 92 克
鹽 1 克
香草莢 1/4 個
玉米澱粉 27 克
開心果醬 45 克
無鹽奶油 12 克

開心果酥菠蘿
無鹽奶油 40 克
紅糖 40 克
鹽 0.5 克
中筋麵粉 56 克
烤開心果粉 10 克
牛奶 6 克

其他
開心果碎

開心果酥菠蘿

1. 在容器中加入置於室溫下的軟化奶油，用電動打蛋器稍微攪打一下。

2. 再加入紅糖、鹽、中筋麵粉和烤開心果粉攪打。

point 將開心果放入預熱至175℃的烤箱烤5分鐘，待完全冷卻後，用食物調理機絞碎，即可完成烤開心果粉。

3. 當麵團呈現像沙粒般鬆散的狀態時，加入牛奶，以低速攪勻。

4. 完成開心果酥菠蘿。

開心果醬

5. 在食物調理機中放入冷卻的烤開心果和開心果仁。

  point 將開心果放入預熱至175℃的烤箱烤7分鐘,呈焦黃狀後備用。開心果果仁無須經過烘焙,直接使用即可。

6. 將兩種開心果磨成泥狀。

  point 也可以直接使用市售的開心果醬。

開心果卡士達醬

7. 在鍋子中加入牛奶、紅糖
A加熱。

point 烹煮牛奶時,加入少許
糖,可以減緩乳清蛋白結成薄
膜的速度,以防焦黏鍋底。

8. 在容器中加入蛋黃、紅糖
B、鹽和香草籽攪拌。

point 將香草莢剖半後,用刀
背刮下香草籽使用。

9. 加入玉米澱粉攪拌均勻。

10. 加入開心果醬拌勻。

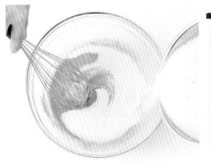

11. 待步驟7的牛奶沸騰後，再慢慢倒入步驟10的容器中攪拌均勻。

12. 再次移至鍋子中加熱。

point 加熱至沸騰且浮起的泡沫皆消失。

13. 待沸騰後立刻離火，加入奶油攪拌。

14. 待奶油融化後，移至乾淨的容器中，蓋上保鮮膜，再放入盛冰水的容器中，加快其冷卻。

組合

15. 將開心果卡士達醬裝入擠花袋，填入烤好放涼的油酥塔皮中。

16. 放上開心果酥菠蘿。

17. 再撒上大小適中的開心果碎。

18. 放入預熱至180℃的烤箱中烘焙15分鐘，待完全冷卻即可享用。

point 最後還可以撒上開心果粉點綴。

Garlic fromage Flan

Flan
7

蜂蜜香蒜起司布丁塔

將香蒜長棍麵包改良成趣味十足的香蒜起司法式布丁塔。在有著濃郁起司味的塔中填入略帶蒜味的糖霜,再烘焙至香氣四溢。蒜味糖霜本身十分美味,可以一次大量製作,剩餘的塗抹在麵包或薄脆餅乾上,再放入烤箱烤,又是另一種享受!

Flan	Keeping
12個	室溫1日
(直徑8公分)	冷藏3日

Ingredients

油酥塔皮

2/3個的配方

起司餡
牛奶160克
鮮奶油160克
鹽0.6克
奶油乳酪(kiri)270克
糖60克
蛋黃64克
玉米澱粉5克
檸檬汁4克

蒜味糖霜
蒜碎57克
糖20克
蜂蜜10克
鹽0.4克
美乃滋27克
無鹽奶油23克

其他
乾燥香芹

111

起司餡

1. 在鍋子中加入牛奶、鮮奶油和鹽加熱。

2. 在容器中加入置於室溫下的奶油乳酪稍微拌開。

3. 分次加入糖後,再分兩次加入蛋黃攪拌。

4. 加入玉米澱粉、檸檬汁,攪拌均勻。

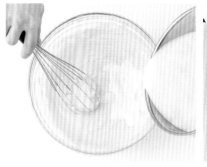 

5. 待步驟1的牛奶沸騰後，
再慢慢倒入步驟4的容器
中攪拌均勻。

6. 將容器中的內容物再次移
至鍋子中加熱。

point 將完成的起司餡移至乾
淨的容器中，蓋上保鮮膜後，
再放入盛冰水的容器中，加快
其冷卻。

蒜味糖霜

7. 在容器中加入所有食材攪拌均勻。

point 奶油事先在常溫下軟化，以便和其他食材均勻混合；
蒜頭也是使用室溫下的蒜頭。

組合

8. 將起司餡裝入擠花袋，然後填入烤好放涼的油酥塔皮中。

9. 放上蒜味糖霜。

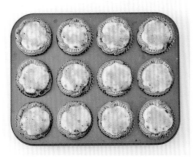 

10. 放入預熱至180℃的烤箱中烘焙15分鐘後，待完全冷卻。

11. 撒上乾燥香芹，即完成。

Coffee & Black Sesame Flan

黑芝麻咖啡布丁塔

這款法式布丁塔將濃郁的咖啡香氣和黑芝麻的堅果香氣完美地融為一體。而且只要更換不同的咖啡豆，就能品嘗到不一樣的風味，喜歡咖啡的人務必嘗試看看。

Flan

12 個

（直徑 8 公分）

Keeping

室溫 1 日

冷藏 3 日

Ingredients

油酥塔皮	黑芝麻咖啡卡士達醬	黑芝麻酥菠蘿
2/3 個的配方	牛奶 528 克 咖啡豆 32 克 紅糖 A 16 克 蛋黃 108 克 紅糖 B 100 克 鹽 1 克 香草莢 1/4 個 黑芝麻粉 16 克 玉米澱粉 27 克 無鹽奶油 12 克	無鹽奶油 40 克 紅糖 40 克 鹽 1 克 中筋麵粉 56 克 黑芝麻粉 14 克 牛奶 6 克

油酥塔皮 32～35頁

黑芝麻咖啡卡士達醬

1. 在鍋子中加入牛奶、咖啡豆和紅糖A加熱。

point 咖啡豆事先用擀麵棍輾壓成粗顆粒的咖啡豆碎。

2. 待沸騰後立刻離火，蓋上保鮮膜後靜置30分鐘左右，使咖啡豆浸泡一下。

3. 在容器中加入蛋黃、紅糖B、鹽、香草籽和黑芝麻粉攪拌。

point 將香草莢剖半後，用刀背刮下香草籽使用。

4. 加入玉米澱粉攪拌均勻。

5. 利用篩網，將步驟2慢慢倒入步驟4的容器中，過濾掉咖啡豆。

6. 攪拌均勻。

7. 再次移至鍋子中加熱。

point 加熱至沸騰且浮起的泡沫皆消失。

8. 待沸騰後立刻離火，加入奶油攪拌。

point 將完成的黑芝麻咖啡卡士達醬移至乾淨的容器中，蓋上保鮮膜後，再放入盛冰水的容器中，加快冷卻。

黑芝麻酥菠蘿

9. 在容器中加入置於室溫下的軟化奶油後，稍微攪拌均勻。

10. 加入紅糖、鹽、中筋麵粉和黑芝麻粉攪拌。

11. 當麵團呈現像沙粒般鬆散的狀態時，加入牛奶拌勻。

12. 完成黑芝麻酥菠蘿。

組合

13. 將黑芝麻咖啡卡士達醬
裝入擠花袋，填入烤好
放涼的油酥塔皮中。

14. 放上黑芝麻酥菠蘿。

15. 放入預熱至180℃的烤
箱中烘焙15分鐘後，待
完全冷卻即可享用。

人氣美味
甜鹹派

L'école Caku PIE Recipes

Roasted Corn Pie

奶香玉米派

這是一款男女老少都會喜歡的派，也是 L'école Caku 的代表作。奶香玉米派入口後，不僅可以品嘗到帶著玉米甜味與奶香味的滑順內餡，口齒之間還可以享受到咀嚼玉米粒的樂趣。此外，放在最上層裝飾用的炙燒玉米，使派的香酥味道更富層次。

Pies

12 個

（直徑 8 公分）

Keeping

室溫 1 日

冷藏 5 日

Ingredients

玉米千層派皮

1 個的配方

玉米奶油餡

罐頭玉米 413 克

鮮奶油 225 克

牛奶 102 克

糖 83 克

煉乳 113 克

玉米澱粉 20 克

裝飾用烤玉米

真空包裝熟玉米（市售）

其他

鏡面果膠

125

玉米奶油餡

1. 將瀝乾水氣的罐頭玉米攤開、平放，用噴槍稍微炙燒至散發出香氣。

2. 在鍋子中加入玉米以外的食材攪拌。

3. 一邊用打蛋器攪拌，一邊持續加熱。

4. 待呈黏稠狀後離火，再加入步驟1的玉米攪拌。

裝飾用烤玉米

5. 準備好市售的真空包裝熟
玉米。

point 如果使用自蒸的玉米，
待蒸好的玉米冷卻後再使用。

6. 玉米切成三等分。

7. 用刀沿著玉米芯，切下玉
米粒片。

8. 將玉米粒片平鋪在鐵盤
上，再用噴槍炙燒至散發
出香氣。

組合

9. 在烤好放涼的玉米千層派皮中填入玉米奶油餡。

10. 放入預熱至200℃的烤箱中烘焙10分鐘。

11. 放上裝飾用烤玉米。

12. 刷上鏡面果膠即完成。

Potato &
Green Onion Pie

香蔥馬鈴薯鹹派

放入滿滿青蔥和馬鈴薯的派，當成正餐來吃也完全沒有違和感。
這款派充分詮釋了千層派皮鹹甜皆宜的優點，除了馬鈴薯、青
蔥，也可以依照個人喜好加進喜歡的食材，做出更多元的變化。

Pies

12個

（直徑8公分）

Keeping

室溫1日
冷藏5日

Ingredients

千層派皮

1個的配方

香蔥馬鈴薯餡

奶油（拌炒用）少許

馬鈴薯丁160克

培根60克

蔥花125克

奶油乳酪125克

煉乳75克

鮮奶油75克

牛奶75克

鹽1克

其他

帕達諾起司

香蔥馬鈴薯餡

1. 在平底鍋中塗抹上奶油，加入馬鈴薯丁拌炒至熟後取出。

2. 將切成1公分方形的培根片煎熟後取出。

3. 在鍋中刷上奶油，放入蔥花拌炒至熟後取出。

4. 在容器中加入奶油乳酪，稍微拌開。

5. 加入煉乳攪拌均勻。　　　　**6.** 加入鮮奶油攪拌均勻。

7. 加入牛奶攪拌均勻。　　　　**8.** 加入鹽攪拌均勻。

組合

9. 在步驟8的容器中加入步驟1、2、3的食材,充分攪拌均勻。

10. 在烤好放涼的千層派皮中填入香蔥馬鈴薯餡。

11. 將帕達諾起司磨成粉,撒在派上。

point 也可以改用帕馬森等其他硬質起司。

12. 放入預熱至200℃的烤箱中烘焙約10分鐘。

Mushroom & Truffle Pie

蘑菇松露鹹派

蘑菇松露鹹派，像極了在派皮中填滿美味的高級料理。在香酥的起司千層派皮裡，填入以蘑菇、洋蔥等炒製而成的奶油餡，再淋上增強風味的松露油，其口感與香氣令人回味無窮。裝飾用的烤起司片也可以直接吃，當作零食或下酒菜都很對味。

Pies

12個

（直徑8公分）

Keeping

室溫1日

冷藏5日

Ingredients

起司千層派皮

1個的配方

蘑菇奶油餡

奶油（拌炒用）少許

馬鈴薯丁117克

洋蔥碎230克

蘑菇丁140克

鮮奶油350克

玉米澱粉5克

鹽0.6克

雞高湯2.6克

烤起司片

帕達諾起司

蘑菇

其他

松露油

蘑菇奶油餡

1. 在平底鍋中塗抹上奶油，加入馬鈴薯丁拌炒至熟後取出。

2. 在鍋中塗抹上奶油，加入洋蔥碎拌炒至熟後取出。

3. 在鍋中塗抹上奶油，加入蘑菇丁拌炒至熟後取出。

4. 在鍋中加入鮮奶油、玉米澱粉、鹽和雞高湯後開始加熱。

5. 待沸騰時，加入步驟1、2、3的食材，用刮刀一邊攪拌一邊加熱至湯汁收乾後，立刻離火。

烤起司片

6. 在烤盤上鋪烘焙紙，將帕達諾起司磨成粉，堆疊在上面。

point 也可以改用帕馬森等其他硬質起司。

7. 用手稍微整理形狀，堆成有點高度的圓。

 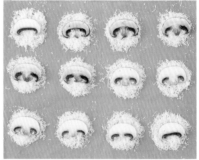

8. 輕壓起司粉堆的中央。　　**9.** 放上蘑菇薄切片。

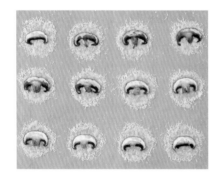

10. 放入預熱至175℃的烤
　　　箱中烘焙10分鐘。

組合

11. 在烤好放涼的起司千層派皮中，填入煮好的蘑菇奶油餡。

12. 放入預熱至200℃的烤箱中烘焙約10分鐘，至上層表面呈焦黃色。

13. 烘焙完的派待冷卻一段時間，再淋上松露油。

14. 放上烤起司片。

Salsa Pie

墨西哥莎莎鹹派

這個派的靈感來自於墨西哥的番茄莎莎醬塔可餅。用酥脆玉米千層派皮取代墨西哥薄餅，不僅可以當成正餐享用，在一日結束時作為配菜，小酌一杯冰鎮啤酒也很對味。

Pies

12個

（直徑8公分）

Keeping

室溫1日

冷藏5日

Ingredients

玉米千層派皮	酪梨莎莎醬	
	鹽 2.5 克	洋蔥 120 克
1 個的配方	糖 9 克	酪梨 240 克
	胡椒 0.7 克	香菜 6 克
其他	橄欖油 37 克	小番茄 240 克
酸奶油	檸檬汁 25 克	萊姆皮屑 1 顆的量
香菜	萊姆汁 25 克	
	蜂蜜 48 克	

50頁

143

酪梨莎莎醬

1. 在容器中加入鹽、糖、胡椒粉、橄欖油、檸檬汁、萊姆汁和蜂蜜攪拌。

2. 加入切成 1 公分大小的洋蔥、酪梨、香菜、切成 8 等分的小番茄攪拌。

3. 加入萊姆皮屑攪拌均勻。

組合

4. 在烤好放涼的玉米千層派皮中填入酪梨莎莎醬。

5. 放上一湯匙的酸奶油。

6. 放上香菜葉裝飾即完成。

墨西哥莎莎派是我某天在看一部關於墨西哥料理的紀錄
片時，腦海裡閃過的靈感。看到墨西哥人在以玉米粉製成的
薄餅中放入莎莎醬或熟肉等食材時，產生了想把墨西哥薄餅替
換成玉米千層派皮的想法。在散發著玉米香味的千層派裡填滿各種
風味的餡料，似乎可以開創出浩瀚無涯的派世界。最初只是帶著期待
的心情，著手製作了玉米風味的千層派皮，結果味道出乎意料地美好，不
僅帶著玉米香，口感也比油酥塔皮更酥脆。這個新發現讓我對千層派皮的
喜愛更上一層，沉迷於搭配新的食材，研發出口感更豐富的塔派。

Egg & Cheese Pie

雞蛋起司鹹派

在含有很多起司的餡料中放入炒香的洋蔥和培根，再放上一顆可愛的鵪鶉蛋，即可完成雞蛋起司鹹派。若是在熱騰騰的狀態下品嘗，裡頭的起司呈現融化的爆漿狀態，絕對沒有人可以抗拒！

Pies

12個

（直徑8公分）

Keeping

室溫1日

冷藏5日

Ingredients

千層派皮	雙起司餡	其他
	奶油（拌炒用）少許	切達起司（片裝）
1個的配方	洋蔥100克	鵪鶉蛋
	培根80克	乾燥香芹
	鮮奶油300克	鏡面果膠
	玉米澱粉5克	
	鹽1克	
	切達起司（片裝）7片	
	帕馬森起司18克	

千層派皮 42～49頁

雙起司餡

1. 在平底鍋中放入奶油，加入切成1公分的洋蔥丁，拌炒至熟後取出。

2. 在鍋中加入切成1公分的培根丁，炒熟後取出。

3. 在乾淨的鍋子中加入鮮奶油、玉米澱粉和鹽攪拌。

4. 再加入切達起司、帕馬森起司，一邊用打蛋器攪拌一邊加熱。

5. 待起司融化後立刻離火，再倒入步驟1、2的食材攪拌均勻。

組合

6. 在烤好放涼的千層派皮中填入雙起司餡。

7. 放上切成四分之一的切達起司片。

8. 按壓切達起司的中央，製作出凹陷。

point 如果不壓出一個凹洞，打入鵪鶉蛋後，蛋液可能會滑到邊緣，無法在中央烤出漂亮的形狀。

9. 逐一在壓出的凹陷處打入
鵪鶉蛋。

10. 放入預熱至190℃的烤
箱中烘焙13分鐘,烤至
表面呈焦黃色且蛋熟。

11. 待冷卻一段時間後,刷
上鏡面果膠。

12. 撒上乾燥香芹即完成。

Quiche

法式香草鹹派

在香草風味的油酥塔皮中，放入口感滋潤、柔滑的阿帕雷醬，烘焙成法式鹹派。裡頭的餡料可以依個人喜好替換其他食材，製作出更符合自己口味的派。

Pies

12 個

（直徑 8 公分）

Keeping

室溫 1 日

冷藏 5 日

Ingredients

香草油酥塔皮

2/3 個的配方

阿帕雷醬

雞蛋 50 克

蛋黃 70 克

鮮奶油 250 克

鹽 0.4 克

胡椒粉 0.5 克

法式鹹派餡料

食用油（拌炒用）少許

蝦仁 170 克

洋蔥 110 克

蘑菇 110 克

其他

小番茄

帕達諾起司

法式鹹派餡料

1. 在平底鍋中加食用油，放入蝦仁拌炒至熟後取出。

2. 同一個鍋中再加少許食用油，放入切成1公分的洋蔥丁，炒熟後取出。

3. 接著再加少許食用油，將切成1公分大小的蘑菇片，拌炒至熟後取出。

阿帕雷醬

4. 在容器中加入雞蛋、蛋黃
和鮮奶油，攪拌均勻。

5. 加入鹽、胡椒粉攪拌。

組合

6. 在烤好放涼的香草油酥塔
皮中放入半顆小番茄。

7. 再放上一隻熟蝦子。

8. 放上炒洋蔥片和蘑菇片。

9. 填入阿帕雷醬。

10. 將帕達諾起司磨成粉，
均勻撒在派的表層。

point 也可以改用帕馬森等
其他硬質起司。

11. 放入預熱至180℃的烤
箱中烘焙15分鐘，即
完成。

Pear &
Pepper Pie

西洋梨胡椒鹹派

Pie
7

胡椒千層派皮的辣味、香草西洋梨奶油餡的甜味，再加上微微炙
燒西洋梨的清爽香味……這是 L'école Caku 獨家研發的口味，前所
未見的風味組合，讓派塔的世界變得更加廣闊。

Pies

12個

（直徑8公分）

Keeping

室溫1日

冷藏5日

Ingredients

胡椒千層派皮	香草西洋梨餡	裝飾用西洋梨

52頁

1個的配方

香草西洋梨餡
鮮奶油230克
糖100克
玉米澱粉8克
香草莢1/3個
西洋梨（罐頭）390克

裝飾用西洋梨
西洋梨（罐頭）

其他
鏡面果膠
香草莢

香草西洋梨餡

1. 在鍋中加入鮮奶油、糖、玉米澱粉和香草籽,一邊攪拌一邊加熱。

point 將香草莢剖半後,用刀背刮下香草籽使用。

2. 待呈黏稠狀後立刻離火。

3. 放入切成約1公分大小的西洋梨。

4. 攪拌均勻即完成。

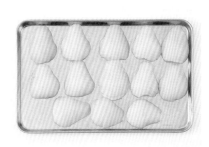 

裝飾用西洋梨

5. 罐頭西洋梨瀝乾後,先對半切,再切成0.2公分厚的片狀。

point 切成片狀後不分散,保持西洋梨的形狀。

6. 用噴槍炙燒西洋梨表面。

組合

7. 在烤好放涼的胡椒千層派皮中填入香草西洋梨餡。

8. 放上裝飾用西洋梨。

9. 刷上鏡面果膠。

10. 在西洋梨頂端插入短短
的香草莢,做成西洋梨
的梗,即完成。

Strawberry & Rhubarb Pie

草莓大黃千層派

當添加了大黃根襯托酸甜的草莓醬、柔順的香草卡士達醬以及新鮮草莓一起入口時，會讓人瞬間從心底湧上幸福感。再灑上少許的義大利香醋，品嘗更濃郁的草莓甜酸香氣。

Pies	Keeping
12個	室溫1日
（直徑8公分）	冷藏5日

Ingredients

千層派皮

1個的配方

香草卡士達醬
牛奶340克
紅糖A 18克
蛋黃75克
紅糖B 50克
香草莢1/3個
玉米澱粉16克
無鹽奶油8克

大黃草莓醬
冷凍大黃根110克
糖90克
草莓果泥60克

其他
草莓
義大利香醋
鏡面果膠

香草卡士達醬

1. 在鍋子中加入牛奶、紅糖
A加熱。

point 烹煮牛奶時，加入少許
糖，可以減緩乳清蛋白結成薄
膜的速度，以防焦黏鍋底。

2. 在容器中加入蛋黃、紅糖
B和香草籽攪拌。

point 將香草莢剖半後，用刀
背刮下香草籽使用。

3. 加入玉米澱粉攪拌均勻。

4. 待步驟1的牛奶沸騰時，
慢慢地倒入步驟3的容器
中，一邊攪拌均勻。

5. 再次移至鍋子中加熱。

point 煮到整體變濃稠，打蛋器行經的軌跡皆能清晰可見。接著加熱至沸騰且浮起的泡沫皆消失即可。

6. 待沸騰後立刻離火，加入奶油攪拌均勻。

point 將完成的香草卡士達醬移至乾淨的容器中，蓋上保鮮膜後，再放入盛冰水的容器中，加快其冷卻。

大黃草莓醬

7. 在鍋子中加入所有的食材加熱。

8. 一邊用刮刀攪拌，一邊加熱至大黃根化成泥狀後，立刻離火，待冷卻。

組合

9. 在烤好放涼的千層派皮中放上少量的大黃草莓醬。

10. 填入香草卡士達醬。

11. 放上切成一半的草莓。

12. 刷上鏡面果膠。

point 依照個人喜好，灑上少許義大利香醋。

Blueberry Pie

杏仁奶油藍莓派

藍莓派一上桌，就彷彿來到記憶中某部電影的場景，令人感到親切又雀躍。在酥脆派皮中，填入帶著堅果香的濕潤杏仁奶油和酸甜清爽的藍莓果醬，外型上可以製作成經典的格紋狀，也可以利用各種可愛的餅乾刀模製作出獨特造型。

Pie	Keeping
1 個	室溫 2 日
（直徑 23 公分）	冷藏 7 日

Ingredients

油酥塔皮

2/3 個的配方

杏仁奶油
無鹽奶油 65 克
糖 65 克
杏仁粉 65 克
雞蛋 60 克

其他
蛋液
杏仁片 10 克

藍莓果醬
藍莓 300 克
糖 100 克
檸檬汁 7 克
玉米澱粉 10 克
水 10 克
檸檬皮屑 1/2 顆的量

杏仁奶油

1. 在容器中放入置於室溫下
軟化的奶油稍微攪拌。

2. 分次放入**糖**攪拌均勻。

point 冬天時，將容器放在裝
熱水的大碗上進行。

3. 放入杏仁粉攪拌。

4. 分批放入雞蛋，攪拌至柔
滑狀態。

藍莓果醬

5. 在鍋子中加入藍莓、糖，一邊攪拌一邊加熱。

6. 待糖完全融化，加入事先混合好的檸檬汁、玉米澱粉和水，攪拌均勻。

7. 加入檸檬皮屑攪拌。

8. 待沸騰後離火，即完成。

組合

9. 在烤好放涼的油酥塔皮上
刷上薄薄一層蛋液後，放
入預熱至180℃的烤箱中
烘焙1分鐘。

point 在塔皮表層刷上蛋液，
可以防止塔皮吸水，讓酥脆口
感維持更久。

10. 填入杏仁奶油。

11. 撒上杏仁片。

12. 放入預熱至170℃的烤
箱中烘焙30分鐘。

13. 填入藍莓果醬。

14. 將剩餘的油酥塔皮麵團
擀成扁平狀。

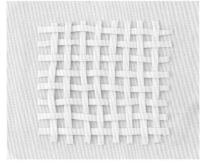

15. 均切成1.5公分寬的長
條狀。

16. 在烘焙紙上將長條狀麵
團編織成格子狀。

17. 輕輕按壓麵團交疊處，
使其緊密貼合。

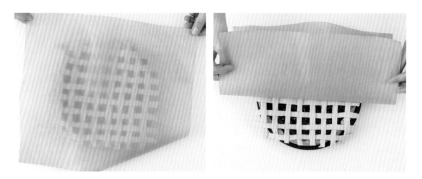

18. 將烘焙紙翻面，並覆蓋在派上面後挪開。

19. 在派底的邊緣刷蛋液，
以黏合格子狀麵團。

20. 切除格子狀麵團邊緣不
平整的地方，用手輕輕
按壓，使其緊密貼合。

21. 在麵團上刷蛋液。

22. 放入預熱至180℃的烤
箱中烘焙20分鐘。

Apple Pie

香酥蘋果派

這是個一口咬下就能感受到肉桂香氣以及蘋果甜味的香酥蘋果派。在糖漬蘋果中添加烤過的核桃，更可以增添口感的豐富性。在蘋果盛產的季節，或是需要溫暖甜點的冬季裡，試著在家烤一個蘋果派看看吧！

Pie

1 個

（直徑 23 公分）

Keeping

室溫 1 日
冷藏 7 日

Ingredients

油酥塔皮	糖漬蘋果	其他
	蘋果（中型）3 個	蛋液
1 個的配方	紅糖 100 克	糖（裝飾用）
	無鹽奶油 40 克	
	肉桂粉 1/2 小匙	
	香草莢 1/4 個	
	蘋果汁 60 克	
	玉米澱粉 10 克	
	烤核桃 30 克	

油酥塔皮 32～35頁

糖漬蘋果

1. 在鍋子中加入切塊的蘋果、紅糖攪拌均勻後,加入奶油攪拌。

2. 待奶油融化時,加入肉桂粉、香草籽,繼續一邊攪拌一邊加熱。

point 將香草莢剖半後,用刀背刮下香草籽使用。

3. 加熱至糖完全融化,蘋果出水、液體呈黏稠狀時,加入蘋果汁和玉米澱粉,繼續加熱至汁液收乾。

4. 放入烤核桃攪拌均勻後立刻離火。

point 核桃事先放入預熱至175℃的烤箱烤5分鐘後,搗碎成適當大小備用。

組合

5. 將剩餘的油酥塔皮麵團擀開成0.2公分厚。

6. 在麵團上用直徑15公分的圓形慕斯圈輕輕按壓，印出圓形痕跡。

7. 用刀子在圓形內劃出形狀備用。

8. 在烤好放涼的油酥塔皮上刷上薄薄一層蛋液後，放入預熱至180℃的烤箱中烘焙1分鐘。

point 在塔皮表層刷上蛋液，可以防止塔皮吸水，讓酥脆口感維持更久。

9. 填入糖漬蘋果。 　　**10.** 在派底邊緣刷上蛋液。

11. 放上劃好形狀的麵團。 　　**12.** 輕輕按壓麵團邊緣，使
　　　　　　　　　　　　　　　　其緊密貼合。

13. 用刀子將外圍多餘的麵團切除。

14. 在麵團上均勻刷蛋液。

15. 最後撒上糖。

16. 放入預熱至180℃的烤箱中烘焙25分鐘。

Paradise Pie

天堂派

在熱騰騰的派上放一球香草冰淇淋，品嘗的瞬間會立即感受到猶如置身天國的幸福感。請試試看填滿了香酥胡桃、甜甜椰子和巧克力的天堂派吧！用甜蜜的滋味，為生活補充美好能量。

Pie

1個

（直徑23公分）

Keeping

室溫7日

冷藏14日

Ingredients

油酥塔皮

1/2個的配方

胡桃椰子餡
雞蛋200克
玉米糖漿60克
紅糖70克
無鹽奶油60克
香草精2克
烤胡桃80克
烤椰子絲130克
黑巧克力130克

（Belcolade 55%）

其他
蛋液

胡桃椰子餡

1. 在容器中加入雞蛋、玉米糖漿和紅糖攪拌。

2. 加入融化的奶油、香草精攪拌。

3. 加入烤胡桃、烤椰子片、黑巧克力碎片攪拌。

> point 將烤箱預熱至175℃，放入胡桃烘焙7分鐘，椰子絲烘焙5分鐘，取出靜置待冷卻後使用。

4. 攪拌均勻即完成。

組合

5. 在烤好放涼的油酥塔皮上
刷上薄薄一層的蛋液後，
放入預熱至170℃的烤箱
中烘焙1分鐘。

point 在塔皮表層刷上蛋液，
可以防止塔皮吸水，讓酥脆口
感維持更久。

6. 填入胡桃椰子餡。

7. 放入預熱至170℃的烤箱
中烘焙30分鐘。

Silk
Chocolate Pie

巧克力絲絨派

入口時,鮮奶油的口感如同絲絨般柔滑,因而獲得了絲絨派這個名稱。冰冰涼涼的派口感較紮實,下層的巧克力慕斯會類似冰淇淋口感,而放在室溫一陣子後再吃,則能品嘗到入口即化的滋味。

Pie

1個

（直徑23公分）

Keeping

室溫1日
冷藏3日

Ingredients

巧克力油酥塔皮

1/2個的配方

巧克力慕斯
牛奶150克
香草莢1/4個
蛋黃15克
雞蛋30克
糖35克
玉米澱粉3克
無鹽奶油10克
黑巧克力130克
（Belcolade 55%）
吉利丁片1.3克
鮮奶油120克

香草甘納許
鮮奶油250克
香草莢1/4個
白巧克力70克
（Belcolade 32%）

其他
蛋液
牛奶巧克力碎片
（Belcolade 35%）

巧克力慕斯

1. 在鍋子中加入牛奶、香草
籽和果莢加熱。

point 將香草莢剖半後,用刀
背刮下香草籽使用。

2. 在容器中加入蛋黃、 雞
蛋、糖和玉米澱粉攪拌。

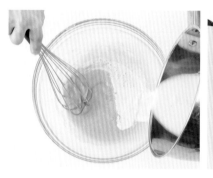 

3. 待步驟1的牛奶沸騰時,
一邊慢慢地倒入步驟2的
容器中,一邊攪拌均勻。

4. 再次將容器中的內容物移
至鍋子中加熱,一邊用打
蛋器攪拌直到呈黏稠狀。

5. 離火後，加入奶油攪拌。

6. 再加入融化的黑巧克力攪拌均勻。

7. 放入浸泡過冰水的吉利丁片攪拌後，待冷卻。

point 吉利丁片事先用冰水泡軟，擰乾水分後備用。

8. 在容器中加入鮮奶油，用電動打蛋器打發。

9. 在步驟7的容器中分兩次加入步驟8的打發鮮奶油，輕輕拌勻。

香草甘納許

10. 鍋中加入鮮奶油加熱。

11. 待鮮奶油煮至沸騰時，倒入盛香草籽和白巧克力的容器中 。

point 將香草莢剖半後，用刀背刮下香草籽使用。

12. 用手持式攪拌機進行攪拌，使其乳化。

13. 蓋上保鮮膜，存放於冷藏庫，靜置一個晚上。

組合

14. 在烤好放涼的巧克力油酥塔皮上刷上蛋液後，放入預熱至180℃的烤箱中烘焙1分鐘，取出待完全冷卻。

point 在塔皮表層刷上蛋液，可以防止塔皮吸水，讓酥脆口感維持更久。

15. 填入巧克力慕斯後，存放於冷凍庫中1小時，使其凝固。

16. 將冷藏香草甘納許用電動打蛋器攪拌至表面可以看見攪拌時的細紋。

17. 將打發後的香草甘納許放在巧克力慕斯上面。

18. 用刮刀抹平表面,使其呈自然不均的平面。

19. 撒上牛奶巧克力碎片,即完成。

point 用刀子或食物調理機將牛奶巧克力磨碎後備用。

Lemon Meringue Pie

檸檬蛋白霜派

這是添加滿滿的酸檸檬而完成的清爽甜味派。若以柚子代替檸檬，就是另一款風味截然不同的柑橘系甜點。

Pie

1個

（直徑23公分）

Keeping

室溫1日
冷藏5日

Ingredients

油酥塔皮

1/2個的配方

檸檬餡
雞蛋210克
糖200克
玉米澱粉20克
檸檬汁180克
檸檬皮屑1顆的量
吉利丁片2.5克
無鹽奶油190克

義式蛋白霜
蛋白75克
糖150克
水50克

其他
蛋液

檸檬餡

1. 在容器中加入雞蛋、糖攪　　**2.** 加入玉米澱粉攪拌。
拌均勻。

3. 再加入檸檬汁、檸檬皮屑　　**4.** 將容器中的內容物移至鍋
攪拌。　　　　　　　　　　　子中,用打蛋器邊攪拌,
　　　　　　　　　　　　　　　邊加熱至呈黏稠狀。

5. 用篩網過篩。

6. 放入浸泡過冰水的吉利丁
片攪拌，使其融化。

point 吉利丁片事先用冰水泡
軟，擰乾水分後備用。

7. 加入奶油攪拌均勻。

point 將檸檬醬降溫至40℃ 左右，混合20℃左右的奶油。

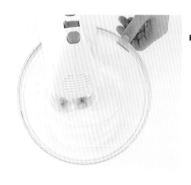 

義式蛋白霜

8. 在容器中加入蛋白,用電動打蛋器開始打發。

9. 在鍋子中加入糖、水,加熱至118℃。

10. 將步驟9的糖水慢慢地倒入步驟8的容器中,一邊用電動打蛋器持續打發。

11. 打發至呈硬挺、有光澤感的狀態後,最後轉為低速攪拌,使其冷卻,再裝入擠花袋中。

組合

12. 在烤好放涼的油酥塔皮
上刷蛋液後，放入預熱
至180℃的烤箱中烘焙
1分鐘，待完全冷卻。

point 在塔皮表層刷上蛋
液，可以防止塔皮吸水，讓
酥脆口感維持更久。

13. 填入檸檬餡後，存放於
冷凍庫中1小時，使其
凝固。

14. 在上方擠出一球一球的
義式蛋白霜。

15. 再用噴槍稍微炙燒蛋白
霜，即完成。

Pumpkin Pie

香料南瓜派

在肉桂風味的油酥塔皮中，填入添加各種香料的南瓜餡後，進行烘焙，最後再淋上香草奶油和甜味楓糖醬，即可完成南瓜派。甜蜜的楓糖醬，可以緩和香料的強烈異國風味，製作出香氣溫和、帶有安心感的日常滋味。

Pie

1個

（直徑23公分）

Keeping

室溫1日
冷藏5日

Ingredients

肉桂油酥塔皮

38頁

1/2個的配方

香草奶油
鮮奶油250克
糖25克
香草莢1/8個

南瓜餡
煮熟的南瓜200克
雞蛋100克
紅糖120克
肉桂粉2克
肉豆蔻粉0.7克
生薑粉0.5克
小豆蔻粉0.5克
鮮奶油80克

楓糖醬
糖65克
水70克
玉米糖漿20克
楓木萃取物3克
（Maple Extract）
無鹽奶油15克

其他
蛋液

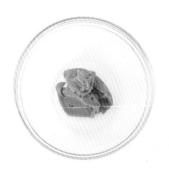 

南瓜餡

1. 將南瓜煮熟後，用篩網過篩，待完全冷卻。

2. 加入雞蛋攪拌。

3. 加入紅糖、肉桂粉、肉豆蔻粉、生薑粉和小豆蔻粉攪拌。

4. 再加入鮮奶油攪拌均勻。

塔皮填餡

5. 在烤好放涼的肉桂油酥塔
皮上刷上一層薄薄蛋液，
放入預熱至180℃的烤箱
中烘焙1分鐘。

point 在塔皮表層刷上蛋液，
可以防止塔皮吸水，讓酥脆口
感維持更久。

6. 填入南瓜餡。

7. 放入預熱至170℃的烤箱
中烘焙30分鐘後，待完
全冷卻。

楓糖醬

8. 鍋中加入糖，小火加熱。

9. 煮至呈淡褐色時，一點一點倒入事先預熱並混合的水、玉米糖漿、楓木萃取物，一邊攪拌。

10. 加入奶油繼續攪拌。

11. 待奶油融化後離火，靜置使其冷卻。

香草奶油

12. 在容器中加入鮮奶油、糖和香草籽，用電動打蛋器打發。

point 將香草莢剖半後，用刀背刮下香草籽使用。

組合裝飾

13. 攪打至電動打蛋器行經的軌跡皆能清晰可見。

14. 在充分冷卻的南瓜派上放上香草奶油。

15. 用刮刀抹平表面，使其呈自然不均的平面。

16. 淋上楓糖醬即完成。

Maple Pie

楓糖堅果派

在香酥脆的塔皮中填入散發淡淡楓糖香味的楓糖慕斯後，存放於冷藏庫中，使其凝固，再疊上一層柔滑的香草奶油、淋上濃稠的太妃核果醬，楓糖派的甜蜜味道更有層次。

Pie

1個
（直徑23公分）

Keeping

室溫1日
冷藏5日

Ingredients

油酥塔皮

1/2個的配方

其他

烤榛果
蛋液

楓糖慕斯

紅糖130克
鮮奶油A 150克
楓糖漿30克
楓木萃取物2克
蛋黃45克
無鹽奶油50克
吉利丁片3.5克
鮮奶油B 110克

太妃核果醬

紅糖80克
無鹽奶油20克
鮮奶油120克

香草奶油

鮮奶油170克
糖15克
香草莢1/4個

楓糖慕斯

1. 在鍋子中加入紅糖加熱。

　point 邊加熱，邊慢慢攪拌，
使糖均勻融化。

2. 慢慢地倒入由鮮奶油A、
楓糖漿、楓木萃取物混合
成的液體，一邊攪拌。

3. 待步驟2攪拌均勻後，再
倒入盛蛋黃的容器中，一
邊攪拌。

4. 再次將容器中的內容物移
至鍋子中加熱。

5. 離火後，加入奶油攪拌。

6. 待溫度下降至80℃時，放入浸泡過冰水的吉利丁片攪拌至融化，待溫度下降至35℃。

point 吉利丁片事先用冰水泡軟，擰乾水分後備用。

7. 在容器中加入鮮奶油B，用電動打蛋器打發。

point 攪打至打蛋器行經之處生成細紋，而舉起打蛋器時，鮮奶油的尖角會自然下垂。

8. 在步驟6的容器中分兩次加入步驟7的打發鮮奶油攪拌。

太妃核果醬

9. 在鍋子中加入紅糖加熱。

10. 煮到呈現金黃色時，再加入奶油攪拌。

11. 一邊倒入熱騰騰的鮮奶油，一邊攪拌。

12. 加熱至溫度到103℃時立刻離火，待冷卻後裝入擠花袋中。

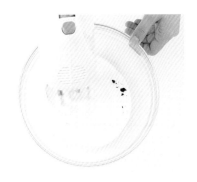

香草奶油

13. 在容器中加入所有食材用電動打蛋器打發。

point 將香草莢剖半後，用刀背刮下香草籽使用。

14. 攪打至電動打蛋器行經的軌跡皆能清晰可見。

組合

15. 在烤好放涼的油酥塔皮上刷蛋液後，放入預熱至180℃的烤箱中烘焙1分鐘，待完全冷卻。

point 在塔皮表層刷上蛋液，可以防止塔皮吸水，讓酥脆口感維持更久。

16. 填入楓糖慕斯後，存放於冷凍庫中1小時，使其凝固。

17. 放上香草奶油。

18. 用刮刀抹平表面，使其呈自然的形狀。

19. 由內往外一圈圈擠上太妃核果醬。

20. 撒上烤榛果即完成。

point 太妃核果醬會慢慢融化成近似液態的流動狀。

Strawberry Cream Pie

草莓鮮奶油派

在香酥的派皮中填入以鮮奶油製成的柔滑草莓慕斯，給人一種彷彿在品嘗濃郁草莓牛奶的感覺。在盛產草莓的冬季裡，派上鋪滿新鮮草莓的誘人模樣，可以說是代表這個季節的甜蜜滋味。

Pie	Keeping
1個	室溫1日
（直徑23公分）	冷藏5日

Ingredients

油酥塔皮	草莓慕斯	其他
	草莓果泥100克	蛋液
	覆盆子果泥20克	草莓
1/2個的配方	吉利丁片3.2克	鏡面果膠
	黑醋栗利口酒6克	
	糖23克	
	鮮奶油130克	
	香草莢1/4個	

草莓慕斯

1. 在鍋中加入一半事先混合的草莓和覆盆子泥,再加入泡過冰水的吉利丁片,邊攪拌邊加熱至融化。

point 吉利丁片事先用冰水泡軟,擰乾後備用。

2. 在容器中加入剩餘的草莓覆盆子泥,以及黑醋栗利口酒和糖攪拌。

3. 將步驟1慢慢倒入步驟2的容器中,一邊攪拌。

4. 在其他容器中加入鮮奶油、香草籽,用電動打蛋器打發。

5. 攪打至打蛋器行經之處生
成細紋,而舉起打蛋器
時,鮮奶油的尖角會自然
下垂。

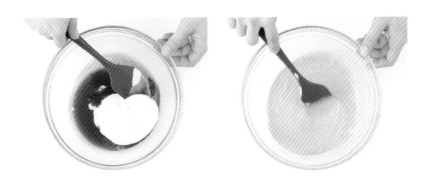

6 在步驟3的容器中分兩次加入步驟5的打發鮮奶油,拌勻。

7. 在烤好放涼的油酥塔皮上刷上蛋液後，放入預熱至180℃的烤箱中烘焙1分鐘取出，待完全冷卻。

point 在塔皮表層刷上蛋液，可以防止塔皮吸水，讓酥脆口感維持更久。

組合

8. 在填入草莓慕斯後，存放於冷凍庫中1小時，使其凝固。

9. 排入切成對半的草莓片。

10. 刷上鏡面果膠即完成。

本單元中的甜點，使用的是重複六次三折的千層派皮麵團，
折疊次數會比製作派塔時的三次三折更多。
因為層數越多，每一層的派皮越薄透，口感上的硬度較低，
用來製作蝴蝶酥、蘋果香頌派等甜點，才有一咬就碎開的鬆脆效果。
相較之下，重複三次三折的麵團，奶油層和麵粉層較厚，
所以更適合用來製作派塔皮，吃起來才有硬度、足夠酥脆。
僅僅是麵團折的次數，就能影響完成後的口感、甚至形狀，
這也是烘焙才能體會的有趣之處。

千層派皮的
延伸甜點

Palmier

法式蝴蝶酥

蝴蝶酥的法文為「palmier」，原意為「棕櫚樹（Palm tree）」，其麵團造型就像是往兩側展開樹枝的棕櫚樹，因此而得名。向兩側伸展彎曲的麵團經烘焙後，會一層一層地膨脹起來，最後變身為圓弧狀的可愛心形。這是一款可以同時感受到千層派皮的酥脆度和奶油香酥風味的甜點。

Pies	Keeping
約10個	室溫2個星期
（9公分）	冷凍1個月

Ingredients

千層派皮
高筋麵粉84克
低筋麵粉83克
水35克
牛奶35克
鹽3.5克
糖3.5克
無鹽奶油23克
無鹽奶油（包裹用）135克

其他
糖（麵團糖衣用）
水

How to Make

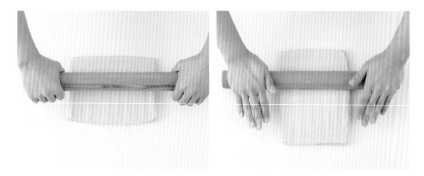

1. 按照第42~47頁的步驟
1~23製作出麵團後,用
擀麵棍將麵團擀開,再輕
輕按壓。

2. 將麵團旋轉 90º後,擀開
成0.5公分厚。

3. 折三折後,裹上保鮮膜,
存放於冷藏庫中靜置5小
時。(三折重複第四次)

4. 將靜置過後的麵團擀開成 0.5 公分厚。

5. 接著把糖均勻沾黏在麵團表面。

> point 麵團上如果沾黏過多的糖，有可能出現出水現象，所以只在表面黏上薄薄一層糖。

6. 折成三折。（三折重複第五次）

7. 使用同一方法，將麵團旋轉90º後，擀開成0.5公分厚，在表面上均勻撒糖，再折成三折。（三折重複第六次）

8. 把麵團裹上保鮮膜，存放
於冷藏庫中靜置3小時。

9. 在工作檯上撒糖後，將麵
團擀開成0.2公分厚。

10. 切除掉麵團外圍不平整
的地方。

11. 在麵團上面刷上薄薄一
層水。

12. 從麵團兩端往內側折三分之一。

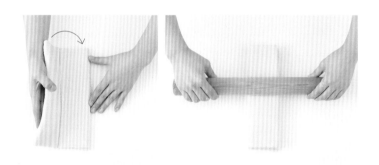

13. 麵團兩端對接時,在對
接處上面刷上一層水,
再對折。

14. 用擀麵棍輕輕按壓麵
團,使其固定。

point 輕壓麵團兩側終端,
以便固定麵團的形狀。

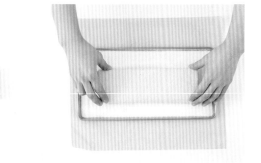

15. 把麵團裹上保鮮膜，靜
置5小時以上。

16. 在糖堆中滾動麵團。

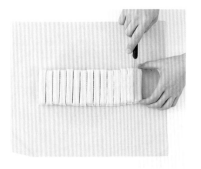

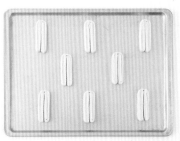

17. 平均切成1.5公分寬的
長條狀。

18. 在烤盤中放入兩兩並列
的長條狀麵團，麵團之
間需保持一定的間距。

 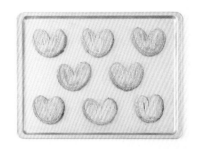

19. 將長條狀麵團的尾端部分向外側彎曲。

20. 放入預熱至180℃的烤箱中烘焙20分鐘。

point 須烘焙至呈褐色，才會形成酥脆的口感。

Leaf Pie

奶油糖葉子派

在葉子造型的千層派皮上，撒少許的糖一起烘焙後，咬下時會多一種糖衣的脆口感。如果撒上不同種類的糖，即可表現出不一樣的風味，請試著使用香草糖、肉桂糖等等，製作出符合個人口味的葉子派。

Pies	Keeping
約35個	室溫2個星期
（6公分）	冷凍1個月

Ingredients

千層派皮
高筋麵粉84克
低筋麵粉83克
水35克
牛奶35克
鹽3.5克
糖3.5克
無鹽奶油23克
無鹽奶油（包裹用）135克

其他
糖（麵團糖衣用）

235

1. 按照第42～47頁的步驟1～23製作出麵團後，用相同方式，再重複三次三折動作。（三折總共進行六次）

2. 將麵團擀開成0.2公分厚後，蓋上保鮮膜，存放於冷藏庫中靜置5小時。

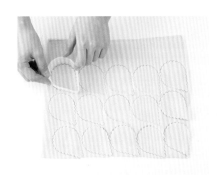 

3. 用長7公分、寬5公分的水滴形切模，切割靜置後的麵團。

4. 用刀子劃上細紋。

5. 在烤盤上放入一堆一堆的糖，每堆約一匙的量，再將糖堆上層表面撫平。

6. 在每堆糖的上面放上一片水滴形麵團。

7. 在麵團上面撒上糖。

8. 放入預熱至180℃的烤箱中烘焙20分鐘。

French Pie

果醬千層派

在酥脆的千層派皮中填入酸酸甜甜的果醬,就能簡單完成。在這裡是使用自製的覆盆子果醬,也可以換成其他喜愛的果醬或巧克力甘納許,做出不一樣的風味喔!

Pies

約12個

(7公分)

Keeping

室溫1個星期

冷凍1個月

Ingredients

千層派皮	覆盆子醬	其他
高筋麵粉84克	冷凍覆盆子70克	糖(麵團糖衣用)
低筋麵粉83克	草莓果泥30克	水
水35克	糖100克	蛋液
牛奶35克	NH果膠4克	
鹽3.5克		
糖3.5克		
無鹽奶油23克		
無鹽奶油(包裹用)135克		

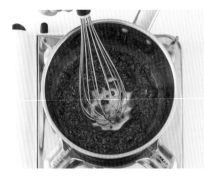 

覆盆子醬

1. 在鍋子中放入覆盆子、草
   莓果泥加熱。

2. 加熱至40℃時，倒入事先
   混合好的糖和NH果膠。

3. 加熱至103℃後離火，待
   冷卻。

組合

4. 按照第42〜47頁的步驟
1〜23製作出麵團後,用
相同方式,再重複三次三
折動作。(三折總共進行
六次)

5. 將麵團擀開成0.2公分厚
後,用派皮滾輪針戳洞。

6. 將麵團裹上保鮮膜後,存
放於冷藏庫中靜置5小時
以上。

7. 用長9公分、寬8公分的
心型切模,切割靜置後的
麵團。

8. 將一半的心型麵團,再用長4.5公分、寬4公分的心型切模切割一次,製作出中空造型。

9. 將另一半的心型麵團排放在烘焙紙上,在麵團邊緣刷上薄薄一層水。

10. 將中空心型麵團疊放在步驟9的心型麵團上。

11. 在麵團表面刷上薄薄一層蛋液。

12. 在麵團上方撒上糖後，
放入預熱至180℃的烤
箱中烘焙20分鐘。

13. 在烤好的派皮中填入覆
盆子醬，待其稍微凝固
即完成。

Chausson Aux Pommes

蘋果香頌派

香頌「Chausson」在法語是「拖鞋」的意思，法國人似乎覺得對折的派在外觀上和拖鞋很像。微涼的秋天彷彿是專屬於溫熱蘋果派的日子，酥脆多層的派皮內藏著酸甜的蘋果，再加上可愛造型，一口咬下讓人身心都療癒。

Pies	Keeping
約8個	室溫3日
（10公分）	冷凍2個星期

♦ 冷凍過的蘋果香頌派，放入預熱至175℃的烤箱中烘焙10分鐘左右，即可回復酥脆口感。

Ingredients

千層派皮	糖漬蘋果	其他
高筋麵粉84克	蘋果300克	蛋液
低筋麵粉83克	糖150克	30波美度糖漿
水35克	檸檬汁40克	
牛奶35克	香草莢1個	
鹽3.5克		
糖3.5克		
無鹽奶油23克		
無鹽奶油（包裹用）135克		

♦ 在鍋子中放入100克的水和135克的糖，加熱至沸騰後，放涼備用。

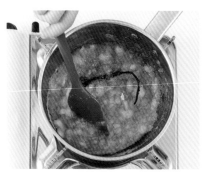

糖漬蘋果

1. 在鍋中加入蘋果塊、糖、檸檬汁和香草莢,以小火邊攪拌邊加熱。

2. 煮到蘋果軟爛後離火,待完全冷卻後,將香草莢撈起來。

組合

3. 按照第42~47頁的步驟1~23製作出麵團後,用相同方式,再重複三次三折動作。(三折總共進行六次)

4. 將麵團擀開成0.2公分厚後,裹上保鮮膜,存放於冷藏庫靜置5小時以上。

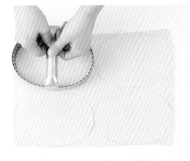

5. 使用長17公分、寬12.5公分的香頌切模，切割靜置後的麵團。

6. 在麵團邊緣刷上一層水。

7. 在麵團的一側放入35克左右的糖漬蘋果。

8. 將麵團對折後，沿著麵團邊緣的對接處按壓，使其緊密貼合。

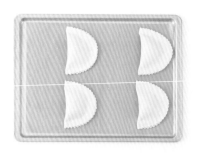 

9. 存放於冷藏庫中靜置2小
時以上。

10. 用牙籤均勻地在麵團上
戳幾個洞。

11. 將麵團翻面。

12. 刷上薄薄一層蛋液。

13. 用刀子劃上紋路。

14. 用牙籤均勻地在紋路之間戳幾個洞。

> point 須戳出足夠數量的孔洞,烘烤後的派皮才不會過度膨脹。

15. 放入預熱至175℃的烤箱中烘焙25分鐘,在派仍處於高溫的狀態下刷上30波美度糖漿。

Galette Des Rois

主顯日國王派

國王派是法國在1月6日主顯節食用的甜點。主顯節是東方博士慶祝耶穌誕生之日。在傳統的國王派裡會藏入小瓷偶（法語 fève，原意為蠶豆），據說，在分享國王派的時候，最先吃到小瓷偶的人，就是那一天的幸運國王。

Pies

1個

（直徑17公分）

Keeping

室溫1個星期

冷凍2個星期

◆ 冷凍過的國王派，放入預熱至175℃的烤箱中烘焙10分鐘左右，即可回復酥脆口感。

Ingredients

千層派皮	杏仁奶油餡	其他
高筋麵粉84克	無鹽奶油30克	蛋液
低筋麵粉83克	糖30克	30波美度糖漿
水35克	杏仁粉30克	
牛奶35克	低筋麵粉3克	
鹽3.5克	香草籽少許	
糖3.5克	雞蛋27克	
無鹽奶油23克		
無鹽奶油（包裹用）135克		

◆ 在鍋子中放入100克的水和135克的糖，加熱至沸騰後，放涼備用。

杏仁奶油餡

1. 在容器中加入置於室溫下的軟化奶油後,稍微攪拌一下。

2. 一邊分次加入糖,一邊進行攪拌。

3. 加入過篩的杏仁粉、低筋麵粉、香草籽攪拌。

4. 接著分次加入雞蛋,攪拌至均勻。

組合

5. 按照第42~47頁的步驟1~23製作出麵團後,用相同方式,再重複三次三折動作。(三折總共進行六次)

6. 將麵團擀開成46×25公分、0.2公分厚後,裹上保鮮膜,存放於冷藏庫中靜置5小時以上。

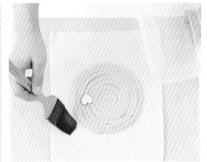

7. 將麵團切半,在一張麵團上擠入直徑15公分的圓形杏仁奶油餡。

point 麵團上先放一個直徑15公分的圓形慕斯圈,再用擠花袋一圈一圈擠上杏仁奶油餡,就能輕鬆形成漂亮的圓形。

8. 放上一個小瓷偶後,在麵團邊緣刷上一層水。

point 小瓷偶必須正面朝下擺放,完成時正面才會朝上。

9. 將另一張麵團旋轉90°後疊在步驟8的麵團和奶油上方，沿著圓形奶油外圍按壓，使其緊密貼合。

10. 用直徑18公分的圓形慕斯圈切割麵團。

11. 在麵團邊緣用刀劃上紋路後，存放於冷藏庫中靜置5小時以上。

12. 將靜置後的麵團移至烘焙用矽膠透氣墊上，用牙籤戳洞。

13. 將麵團翻面,刷上蛋液後,用刀劃上紋路。

14. 用牙籤均勻地在麵團上戳幾個洞,放入預熱至175℃的烤箱中烘焙20分鐘。

point 在烘焙的過程中,國王派會膨脹起來。

15. 在國王派上壓一個網洞烤盤,再次放入烤箱中烘焙20分鐘。

point 用有點重量的烤盤稍微壓住國王派,以免過度膨脹。但烤盤如果過重,國王派有可能會爆開,所以使用有孔洞的烤盤或鐵板為宜。

16. 拿掉烤盤,再次放入烤箱中烘焙15分鐘。

point 在完成烘焙的國王派上刷上30波美度糖漿。

Mille-Feuille

法式千層派

法語「mille-feuille」的原意為「千層樹葉」。法式千層派的酥皮是以薄麵團、薄奶油層層組成，在酥皮與酥皮中間還會夾著柔滑奶油，入口鬆化酥脆、層次分明，而夾層的存在更能凸顯千層派的迷人酥脆口感。

Pies

約6個
（10公分）

Keeping

室溫1日
冷藏5日

Ingredients

千層派皮
高筋麵粉84克
低筋麵粉83克
水35克
牛奶35克
鹽3.5克
糖3.5克
無鹽奶油23克
無鹽奶油（包裹用）135克

香草甘納許
鮮奶油300克
香草莢1/4個
白巧克力100克
（Belcolade 32%）

其他
榛果帕林內
糖粉

♦ 榛果帕林內是將榛果與砂糖炒成焦糖，再打成泥的焦糖榛果醬，也可以使用市售的榛果醬代替。

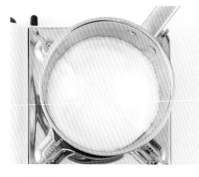

香草甘納許

1. 在鍋子中加入鮮奶油加熱至沸騰。

2. 將熱鮮奶油倒入盛白巧克力和香草籽的容器中。

組合

3. 用手持式攪拌機攪打,使其乳化後,蓋上保鮮膜,存放於冷藏庫中靜置7小時以上。

4. 按照第42～47頁的步驟1～23製作出麵團後,用相同方式,再重複三次三折動作。(三折總共進行六次)

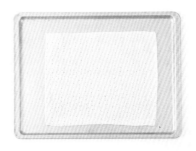

5. 將麵團擀開成0.2公分厚後，用派皮滾輪針戳洞。

6. 裹上保鮮膜，存放於冷藏庫中靜置5小時以上。

7. 將靜置後的麵團放入烤盤後，放入預熱至180℃的烤箱中烘焙7分鐘。

8. 待麵團開始膨脹時，壓上鐵氟龍布，再次放入烤箱中烘焙15分鐘。

9. 在烤至金黃色的派皮上均勻撒上糖粉後,再烘焙10分鐘。

10. 在完成烘焙的派皮上方用噴槍炙燒一下。

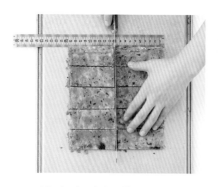

11. 待完全冷卻後,切成10×4公分的長方形。

12. 靜置後的香草甘納許用電動打蛋器打發,攪打至電動打蛋器行經的軌跡皆能清晰可見。

13. 在千層派皮上擠兩排打
發的香草甘納許後，在
兩排之間擠入一條榛果
帕林內。

14. 再覆蓋一片千層派皮，
用相同方法將香草甘納
許和榛果帕林內裝飾在
上方。

15. 最後再覆蓋一片千層派
皮，撒上糖粉即完成。

台灣廣廈國際出版集團
Taiwan Mansion International Group

國家圖書館出版品預行編目（CIP）資料

手工派塔的基礎：只用2種基礎麵團，做出美味甜鹹派、法式布
丁塔、千層點心，網路接單、小資創業都適用！／金多恩著. --
初版. -- 新北市：台灣廣廈, 2024.04
264面；　17×23公分
ISBN 978-986-130-615-5（平裝）
1.CST: 甜點食譜

427.16　　　　　　　　　　　　　　　113001819

手工派塔的基礎

只用**2**種基礎麵團，做出美味甜鹹派、法式布丁塔、千層點心，
網路接單、小資創業都適用！

作　　　者／金多恩		編輯中心執行副總編／蔡沐晨　編輯／張秀環・許秀妃	
翻　　　譯／譚妮如		封面設計／何偉凱・**內頁排版**／菩薩蠻數位文化有限公司	
		製版・印刷・裝訂／東豪・弼聖・秉成	

行企研發中心總監／陳冠蒨　　　　　線上學習中心總監／陳冠蒨
媒體公關組／陳柔彣　　　　　　　　產品企製組／顏佑婷、江季珊、張哲剛
綜合業務組／何欣穎

發　行　人／江媛珍
法 律 顧 問／第一國際法律事務所 余淑杏律師・北辰著作權事務所 蕭雄淋律師
出　　　版／台灣廣廈
發　　　行／台灣廣廈有聲圖書有限公司
　　　　　　地址：新北市235中和區中山路二段359巷7號2樓
　　　　　　電話：（886）2-2225-5777・傳真：（886）2-2225-8052

代理印務・全球總經銷／知遠文化事業有限公司
　　　　　　地址：新北市222深坑區北深路三段155巷25號5樓
　　　　　　電話：（886）2-2664-8800・傳真：（886）2-2664-8801
郵 政 劃 撥／劃撥帳號：18836722
　　　　　　劃撥戶名：知遠文化事業有限公司（※單次購書金額未達1000元，請另付70元郵資。）

■出版日期：2024年04月　　　　ISBN：978-986-130-615-5
　　　　　　　　　　　　　　　版權所有，未經同意不得重製、轉載、翻印。

Copyright ©2023 by Kim Daeun
All rights reserved.
Original Korean edition published by THETABLE, Inc.
Chinese(complex) Translation Copyright ©2024 by Taiwan Mansion Publishing Co., Ltd.
Chinese(complex) Translation rights arranged with THETABLE, Inc.
through M.J. Agency, in Taipei.